普通高等教育"十二五"规划教材

3ds Max 三维动画设计标准教程

赵 鑫 主编
葛 杉 黄武坛 朱 杰 雷 桐 副主编

西安电子科技大学出版社

内 容 简 介

本书是根据多位业界资深动画设计师和美院动画专业教师结合教学与实践经验编写而成的。全书共 8 章，循序渐进地讲解了 3ds Max 2009 的基础知识、建模、材质与贴图、灯光与摄影机、渲染器、角色动画与约束、骨骼与蒙皮、环境与特效、空间扭曲与粒子系统、Reactor 动力学、Character Studio 等内容。此外，本书还附带了 1 张 DVD 光盘，包含书中所有案例的源文件、素材文件和多媒体教学文件。

本书可作为各高校动画专业的教材，同时也可作为各类动画教育培训机构、游戏设计人员和动画爱好者的参考资料。

图书在版编目（CIP）数据

3ds Max 三维动画设计标准教程 / 赵鑫主编．

—西安：西安电子科技大学出版社，2011.2 (2014.10 重印)

普通高等教育"十二五"规划教材

ISBN 978–7–5606–2521–8

Ⅰ. ① 3… Ⅱ. ① 赵… Ⅲ. ①三维—动画—图形软件，3DS MAX 2009—高等学校：技术学校—教材 Ⅳ. ① TP391.41

中国版本图书馆 CIP 数据核字（2010）第 246624 号

责任编辑	毛红兵　李新燕	
出版发行	西安电子科技大学出版社（西安市太白南路 2 号）	
电　　话	(029)88242885　88201467　邮　编　710071	
网　　址	www.xduph.com　　　　电子邮箱　xdupfxb001@163.com	
经　　销	新华书店	
印刷单位	陕西大江印务有限公司	
版　　次	2011 年 2 月第 1 版　　2014 年 10 月第 3 次印刷	
开　　本	787 毫米×1092 毫米　1/16　印张 18.875	
字　　数	444 千字	
印　　数	5001～8000 册	
定　　价	40.00 元(含光盘)	

ISBN 978 – 7 – 5606 – 2521 – 8 / TP · 1255

XDUP 2813001-3

*** 如有印装问题可调换 ***

本社图书封面为激光防伪覆膜，谨防盗版。

前　　言

近几年来，我国动画教育发展迅速，2010年全国已有700多所高校开设了动画专业。培养满足动画行业需求的技能型、应用型人才已成为当前中国高校动画教育的首要任务，因此高校动画教材建设也必须能够适应这一任务。

本书主要针对3ds Max 2009所能实现的三维动画技术进行详细讲解。编者本着学术性、艺术性、实用性的原则，围绕培养动画专业技能型、应用型人才的目标编写。本书以3ds Max 2009在三维动画设计中的应用为主线，强调对软件学习的系统性、完备性。全书突出案例教学，以目标驱动为原则，通过案例制作，分散了软件的难点，强化了读者对三维动画设计的理解，每章最后还总结了本章的技术要点，使读者能更好地掌握软件的使用方法。

三维动画设计是一门既具有独立性又具有综合性的课程，是艺术与技术的高度结合。本书的作者由两类人员组成：一类是一线动画专业的教师，这些教师从事3ds Max三维动画设计教学工作多年，具有丰富的软件使用和教学经验；另一类是动画公司的一线设计人员，有着丰富的项目实践经验。本书中每一个案例的选择都兼顾了技术性和艺术性，力图做到艺术与技术的完美统一。为了使读者更好地使用本教材，随书配套有一张多媒体光盘，其中包含全书案例的教材文件和教学视频。

本书共8章，第1章介绍了3ds Max基础知识；第2章讲解了3ds Max建模技术；第3章介绍了3ds Max材质技术及其常用材质的制作方法；第4章讲解了3ds Max中标准灯光、光度学灯光、高级灯光的使用方法；第5章介绍了3ds Max两种摄影机的使用方法；第6章介绍了3ds Max自带的Scanline Renderer(扫描线渲染器)和Mental Ray渲染器；第7章循序渐进地讲解了基础动画制作、粒子系统、Particle Flow粒子系统、Reactor动力学、Character Studio角色系统；第8章通过几个例子生动地讲解了3ds Max 2009毛发系统的使用方法。本书适用于动画及相关专业的三维动画设计课程教学，建议采用多媒体网络教室开展教学，教师讲授和学生练习穿插进行，参考学时为48学时。

本书第1章、第5章、第7章由赵鑫编写；第2章由魏敏编写；第3章由葛杉编写；第4章由黄武坛编写；第6章由朱杰编写；第8章由雷桐编写。

由于时间仓促，加之编者能力有限，书中难免有不足之处，欢迎广大读者批评指正。

编　者

2011年1月

目 录

第 1 章 3ds Max 基础知识 1
1.1 3ds Max 的应用领域 1
1.2 3ds Max 软件介绍 3
1.2.1 3ds Max 2009 新功能介绍 3
1.2.2 用户界面简介 5
1.2.3 视图操作 6
1.2.4 工具栏的使用方法 7
1.2.5 命令面板的使用方法 8
1.3 对象的选择 9
1.3.1 选择对象的基本方法 9
1.3.2 选择过滤器 12
1.3.3 选择集的使用 12
1.3.4 使用组 13
1.4 复制方法 14
1.4.1 克隆 14
1.4.2 变换复制 15
1.4.3 镜像复制 15
1.4.4 阵列复制 15
本章小结 18
习题 19

第 2 章 3ds Max 建模技术 20
2.1 建模简介 20
2.1.1 多边形建模 20
2.1.2 桌子的制作 21
2.1.3 面片建模 23
2.1.4 水壶的制作 23
2.1.5 水杯的制作 28
2.1.6 NURBS 建模 30
2.1.7 圆帽的制作 31
2.2 应用案例——场景 35
2.2.1 简单地形的制作 35
2.2.2 木头桥梁的制作 38

  2.2.3 房子的制作 44
  2.2.4 制作围栏 49
  2.2.5 制作大门 51
  2.2.6 制作屋顶茅草 52
 2.3 应用案例——道具 53
  2.3.1 标靶的制作 53
  2.3.2 制作木桶 55
  2.3.3 制作袖箭 58
  2.3.4 刀的制作 68
  2.3.5 制作仙人球 74
  2.3.6 制作望远镜 79
  2.3.7 制作手剑 81
 2.4 应用案例——角色 85
  2.4.1 角色制作 85
  2.4.2 制作恐龙 105
 2.5 合并场景 109
本章小结 110
习题 111

第 3 章 3ds Max 材质 112

 3.1 材质基础 112
 3.2 标准类型材质 115
  3.2.1 明暗器基本参数 115
  3.2.2 材质基本参数 115
  3.2.3 扩展参数 117
  3.2.4 贴图通道 117
 3.3 各种材质类型 119
  3.3.1 双面材质 119
  3.3.2 顶部/底部材质 119
  3.3.3 混合材质 119
  3.3.4 多维/子对象材质 120
  3.3.5 合成材质 120
  3.3.6 光线追踪材质 121
  3.3.7 无光/投影材质 121
 3.4 各种贴图类型 121
  3.4.1 位图 121
  3.4.2 光线跟踪贴图 122
  3.4.3 遮罩贴图 122
  3.4.4 混合贴图 122

3.4.5 程序贴图 123
3.5 贴图坐标 123
3.6 应用案例 124
　　3.6.1 金属材质的制作 124
　　3.6.2 玻璃材质的制作 125
　　3.6.3 陶瓷材质的制作 127
　　3.6.4 蝴蝶材质的制作 128
　　3.6.5 角色材质的制作 131
　　3.6.6 恐龙材质的制作 135
本章小结 138
习题 138

第4章 3ds Max 灯光技术 139
4.1 灯光简介 139
4.2 标准灯光 139
4.3 光度学灯光 144
4.4 高级灯光 146
4.5 应用案例 151
本章小结 156
习题 156

第5章 3ds Max 摄影机 157
5.1 摄影机简介 157
　　5.1.1 摄影机的创建 157
　　5.1.2 摄影机对象 158
5.2 摄影机的重要参数 159
5.3 应用案例 161
本章小结 163
习题 163

第6章 3ds Max 渲染 164
6.1 3ds Max 渲染简介 164
6.2 渲染器简介 164
　　6.2.1 Scanline Renderer(扫描线渲染器)简介 164
　　6.2.2 Mental Ray 渲染器简介 165
　　6.2.3 VUE 文件渲染器简介 165
6.3 渲染对话框 166
　　6.3.1 渲染设置"公用"选项卡 166
　　6.3.2 渲染设置"渲染器"选项卡 172

  6.3.3 渲染设置"渲染元素"选项卡 174
  6.3.4 渲染设置"光线追踪"选项卡 175
  6.3.5 渲染设置"高级照明"选项卡 175
 6.4 渲染输出窗口 176
  6.4.1 渲染帧窗口的操作 177
  6.4.2 渲染帧窗口工具栏 177
 6.5 应用案例 178
 本章小结 179
 习题 179

第7章 3ds Max 基础动画技术 180
 7.1 动画的基础知识 180
  7.1.1 动画的基本原理 180
  7.1.2 3ds Max 动画制作基本流程 181
 7.2 基础动画 182
  7.2.1 使用自动关键帧制作动画 182
  7.2.2 关键帧和中间帧 184
 7.3 篮球弹跳动画 185
  7.3.1 设置篮球弹跳动画 186
  7.3.2 设置篮球弹跳(变形动画) 189
  7.3.3 向前运动的篮球(控制器应用) 191
 7.4 蝴蝶飞舞动画 194
  7.4.1 制作蝴蝶拍翅动画 194
  7.4.2 蝴蝶沿路径飞舞(路径约束) 196
 7.5 角色动画基础 197
  7.5.1 智能机械手(正向运动学) 197
  7.5.2 发动机活塞运动(反向运动学) 201
 7.6 粒子系统 204
  7.6.1 打开的水龙头 204
  7.6.2 绽放的礼花 210
  7.6.3 热气腾腾的咖啡 214
  7.6.4 PF 粒子——鱼儿成群游 218
 7.7 Reactor 动力学 223
  7.7.1 小球入筐 223
  7.7.2 风吹窗帘飘动 226
  7.7.3 小车下坡 229
  7.7.4 碧波荡漾——水面的模拟 231
  7.7.5 摔碎的花瓶 234
  7.7.6 转动的电风扇 236

7.8 Character Studio 简介 239
   7.8.1 忍者角色骨骼的创建 241
   7.8.2 忍者角色骨骼的绑定 250
   7.8.3 自动足迹动画的使用 254
7.9 应用案例 256
   7.9.1 调节忍者角色的走路动画 256
   7.9.2 运用布料制作角色披风 261
本章小结 264
习题 264

第8章 Hair and Fur 毛发制作系统 265
8.1 Hair and Fur 毛发系统介绍 265
8.2 应用案例 276
   8.2.1 牙刷刷毛的制作 276
   8.2.2 用样条线制作头发 279
本章小结 284
习题 284

附录 285

参考文献 292

第 1 章　3ds Max 基础知识

学习目标

本章主要介绍 3ds Max 软件的发展历史和相关的基本概念，主要包括 3ds Max 软件的基础知识、界面的组成、各功能区的作用、视图显示控制、常用命令和工具的使用方法，并对场景的变换操作以及坐标系统进行了较为详细的介绍。通过本章的学习，要求达到以下目标：

- 掌握软件的基础知识和基本概念。
- 熟练掌握软件界面的组成以及各功能区的作用。
- 掌握视图工具的使用方法。
- 掌握常用命令和工具的使用方法。
- 理解各种坐标系统的原理、适用环境以及使用方法。

1.1　3ds Max 的应用领域

随着 3ds Max 2009 新版本的发布，越来越多的新功能使其更加强大，应用也更加广泛。目前 3ds Max 主要应用于以下领域：

(1) 网络游戏产业。网络游戏产业是 21 世纪成长最快的产业之一，也是三维动画技术最具发展潜力的应用领域。3ds Max 可用于游戏中虚拟场景和角色模型的建立，可以设置角色在场景中的各种复杂运动，如图 1.1 所示。支持游戏、娱乐业的应用是 3ds Max 新版本的主要目标。

图 1.1　网络游戏

(2) 建筑房地产业。近年来飞速发展的房地产业为 3ds Max 在我国的产业化应用提供了广阔的舞台，这是 3ds Max 在我国最为成熟的一个应用领域。在房地产业中，3ds Max 主要应用于装饰效果图制作、建筑效果图制作、环境艺术设计以及建筑漫游动画制作等方面，如图 1.2 所示。在我国申办 2008 年奥运会期间，水晶石公司制作的三维动画场馆展示宣传片，把 3ds Max 在建筑漫游动画方面的应用推向了一个新的高度。

图 1.2　建筑房地产业

(3) 广告业。三维动画影视广告是广告领域的一个重要分支,其应用范围越来越广泛,3ds Max 是制作这类广告的有力工具,如图 1.3 所示。

图 1.3　广告业

(4) 栏目包装。栏目包装指的是电视栏目的片头、片尾设计,在节目中起着画龙点睛的作用,是一个栏目展示给观众最具吸引力的方面,好的栏目包装会给观众留下深刻的印象,如图 1.4 所示。大部分栏目包装的制作过程都需要使用 3ds Max 软件。

图 1.4　栏目包装

(5) 动画产业。动画片的设计与制作是 3ds Max 的另一个重要应用领域,目前的动画产业已经彻底摆脱了手工制作的束缚,全面进入了电脑设计时代。电脑动画包括二维动画和三维动画,目前三维动画已逐渐成为主流,如图 1.5 所示。2010 年上海世界博览会中国馆中展示的三维动画版《清明上河图》就是使用 3ds Max 软件制作的。

(6) 工业设计。工业产品设计包括造型设计和功能设计,传统的产品设计注重的是产品的功能设计,但现在产品的造型设计已经得到越来越多公司的重视,其主要原因在于消费者对产品的审美要求越来越高,3ds Max 是完成工业产品造型设计的重要工具,如图 1.6 所示。

图 1.5　动画产业

图 1.6　工业设计

(7) 影视制作。3ds Max 可以用于影视产品的制作，主要表现在两个方面：一是用于影片中特技镜头的制作；二是用于纯电脑三维动画影片的制作。近年来多部三维动画大片在商业上取得的巨大成功，证明了 3ds Max 在影视制作技术方面的巨大突破，如图 1.7 所示。

可以说，只要用到三维图形和动画设计与制作的地方，都可以运用 3ds Max 完成并得到满意的效果。

图 1.7　影视制作

1.2　3ds Max 软件介绍

1.2.1　3ds Max 2009 新功能介绍

3ds Max 的前身是 3D Studio，诞生于 20 世纪 80 年代，由 AutoDesk 公司开发，运行在 DOS 平台上，硬件要求 386 以上。图形化操作系统 Windows 的出现，对应用软件提出了新的要求，尤其是图形设计类软件。1993 年，以 Gary Yost 为首的多位专家组成了一个工作组，开始合作开发 3D Studio 3ds Max。1996 年 4 月，3D Studio 3ds Max 1.0 正式诞生，其运行平台要求Windows NT，软件功能较以前的版本有了很大的提高。1997年7月，产生了3D Studio VIZ introduced，该产品确定了3D Studio 3ds Max的发展方向应更专注于影视动画和娱乐行业。1997年10月，3ds Max R2诞生，其性能比R1有了质的飞跃。统一的环境、强有力的功能和开放的结构使其在PC平台上具有无限的发展潜力。

从1998年5月到2004年7月，3ds Max先后经历了R2.5、R3.0、R8.0等多个版本的升级换代。新发布的版本进一步强化了游戏引擎，为蓬勃发展的网络游戏产业提供了强有力的支持，这也是三维动画类软件产业化发展的新方向。

3ds Max 2009新增功能有如下几个方面：

(1) Reveal渲染。

Reveal渲染系统是3ds Max 2009的一项新功能，为快速精调渲染提供了所需的精确控制。利用此系统可以选择渲染减去某个特定物体的整个场景；或渲染单个物体甚至帧缓冲区的特定区域。渲染图像帧缓冲区现在包含一套简化的工具，通过随意过滤物体、区域和进程、平衡质量、速度和完整性，可以快速有效地达到渲染设置中的变化。

(2) Biped改进。

新增的Biped工作流程使得处理Biped角色手部动作与地面关系时的方式和足部动作一样，大大简化了制作四足动画所需的步骤。Autodesk 3ds Max还支持Biped物体以工作轴心点和选取轴心点为轴心进行旋转，这加速了戏剧化角色的动作的创建，比如一个角色摔在地面上。

3ds Max 2009在Biped骨架方面为用户提供了更高水平的灵活性。新的Xtras工具能用于Rig上的任何部位(如翼或其它面部骨骼)的制作和动画外来的Biped物体，并可以将其保存为BIP文件。被保存的这些文件在Mixer、Motion Flow以及层中都得到了很好的支持。其中，新的分层功能使用户能够把BIP文件另存为每个层的偏移，从而更加精确地对角色的动作进行控制。

(3) 改进的OBJ和FBX支持。

更高的OBJ转换保真度以及更多的导出选项使得在3ds Max与Mudbox及其它数字雕刻软件之间的数据传递更加容易。利用新的导出预置、额外的几何体选项(包括隐藏样条线或直线)以及新的优化选项可减少文件大小并改进性能。游戏制作人员可以体验到增强的纹理贴图处理以及在物体面数方面得到改进的Mudbox导入信息。3ds Max还提供改进的FBX内存管理以及支持3ds Max与其它产品(例如Maya和MotionBuilder)协同工作的新的导入选项。

(4) 改进的UV纹理编辑。

Autodesk 3ds Max在智能、易用的贴图工具方面继续引领业界潮流。使用新的样条贴图功能可对管状和样条状物体进行贴图，例如把道路贴图到一个区域中。此外，改进的Relax和Pelt工作流程简化了UVW展开，能够以更少的步骤创作出所需的作品。

(5) SDK中的.NET支持。

3ds Max支持.NET，可通过使用Microsof的高效高级应用程序编程接口扩展3ds Max软件的功能。3ds Max软件开发工具包配有.NET示例代码和文档。

(6) ProMaterials。

3ds Max增加了新的材质库ProMaterials，提供易用、基于实物的mental ray材质，便于快速创建常用的建筑和设计表面，例如固态玻璃、混凝土或专业的有光、无光墙壁涂料。

(7) 光度学灯光改进。

Autodesk 3ds Max 支持新型的区域灯光(圆形、圆柱形)、浏览对话框和灯光用户界面中的光度学网络预览以及改进的近距离光度学计算质量和光斑分布。另外，分布类型现在能够支持任何发光形状，而且可以将灯光形状显示得和渲染图像中的物体一致。

(8) 改进的 DWG 导入。

3ds Max 2009 提供了更快、更精确的 DWG 文件导入功能，使用户能够在更短的时间内导入带有多个物体的大型复杂场景，并且改进了指定和命名材质、实体导入和法线管理等功能，从而大大简化了基于 DWG 的工作流程。

1.2.2 用户界面简介

启动 3ds Max 之后，主屏幕包含四个同样大小的视图，如图 1.8 所示。下面详细介绍主要功能区的功能。

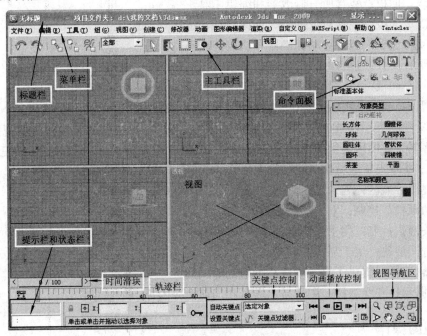

图 1.8　3ds Max 工作界面

(1) 标题栏：显示当前的文件名称、文件存储路径、软件的版本号等信息。

(2) 菜单栏：不仅包含了标准的 Windows 菜单栏，如文件、编辑、帮助等菜单，而且包括一些特殊的菜单。

"工具"菜单：包括操作对象常用的命令。

"组"菜单：包括用于管理组对象的命令。

"视图"菜单：包括对视图进行设置和控制的命令。

"创建"菜单：包括创建各类对象的命令。

"修改器"菜单：包括用于修改对象的各种常用命令。

"动画"菜单：包括用于设置对象动画的命令。

"图形编辑器"菜单：包括通过图像方式编辑对象的命令。
"渲染"菜单：包括渲染、Video Post、光能传递和环境设置等命令。
"自定义"菜单：包括用于自定义用户界面的控制命令。
"MaxScript"菜单：包括编辑内置语言的命令。
"Tentacles"菜单：Tentacles是一款Flash插件，整合了Turbo Squid在线资源交流系统，可以很方便地在3ds Max里选购各种三维物品，同时可以将作品整理后在线备份。也可与合作者分享情报。

(3) 主工具栏：包含一些常用的、重要的工具，很多操作都可以使用这里的工具，方便快捷。

(4) 命令面板：集合了6个功能强大的面板，包括了大部分的建模和动画设置命令。这些面板主要包括：

"创建"面板：包含所有对象创建工具。
"修改"面板：包含所有修改器和编辑工具。
"层次"面板：包含对象的轴、反向运动和链接等工具。
"运动"面板：包含运动控制器和轨迹控制工具。
"显示"面板：包含对象的隐藏、显示、冻结等命令。
"工具"面板：包含其它一些重要的工具。

(5) 视图：视图区用于场景中对象的显示，默认情况下由3个正交视图和1个三维视图组成。正交视图表示场景中物体在某一方向上的投影，如顶视图、前视图、后视图、左视图、右视图等。视图区提供的4个默认视图是顶视图、左视图、前视图和透视图(三维视图)，透视图以三维方式显示场景中的对象。

(6) 视图导航区：包含了对视图进行缩放、平移和导航的控制工具。

(7) 动画播放控制：它是动画播放时的常用工具。

(8) 关键点控制：用于设置自动关键点、设置关键点和关键点过滤器等操作。

(9) 时间滑块：用于显示当前帧。

(10) 轨迹栏：提供了显示动画总帧数的时间线。

(11) 提示行和状态栏：用于显示场景和当前命令的提示和信息。

1.2.3 视图操作

1. 常用视图类型

在3ds Max中，视图的种类较多，可以分为标准视图、摄像机视图、灯光视图、渲染视图等，每个视图与内容也各不相同，下面主要介绍标准视图的相关知识。

标准视图主要用于场景中对象的编辑、修改。可以分为正视图、透视图以及用户视图。正视图是沿坐标的六个方向的投影视图，包括顶视图、底视图、前视图、后视图、左视图、右视图，属于正交视图。用户视图和透视图可以观察三维形态的对象结构，两者的区别在于用户视图是一种正交视图，视图控制工具和其它正交视图控制工具相同；透视图具有透视变形能力，可以通过改变角度进行环视对象。

在视图中编辑对象时，首先要激活该视图，激活的方法是在视图空白处单击左键或右键，被激活的视图被黄色边框包围。

2．视图操作方法

在 3ds Max 界面的右下角有一个视图导航区，这里共有 8 个图形按钮，能对当前被激活的视图进行相应的控制。

(1) (缩放)。单击该按钮，在视图中上下拖动鼠标，可以对视图中的对象进行拖拉缩放显示。

(2) (缩放所有视图)。在任一视图中上下拖动鼠标，可以同步缩放所有视图中的所有对象。

(3) (最大化显示)。单击该按钮，当前视图中的所有对象将以最大化的方式全部显示出来。在该位置上还有一个按钮，在最大化显示按钮上按住鼠标，弹出下拉列表，选择"最大化显示所选对象"按钮，此时在当前视图中所选对象将以最大化的方式显示出来。

(4) (所有视图最大化显示)。单击该按钮，所有视图中的所有对象将以最大化方式显示在所有视图中。单击"所有视图最大化显示所选对象"按钮，所有视图中被选择的对象将以最大化方式显示。

(5) (最大化视图切换)。单击该按钮，当前视图满屏显示，再次单击恢复原状，其快捷键为 Alt+W。

(6) (环绕)。该按钮主要用于用户视图和透视图中，单击该按钮，在视图中出现一个黄色的圈，拖动鼠标可以改变不同的视角。在该位置上还有"选定的环绕"按钮和"环绕子对象"按钮，分别可以以选定的对象和选定对象的子对象为旋转中心进行旋转。

(7) (平移视图)。单击该按钮，可在视图中通过拖动鼠标向任意方向平移视图。

(8) (视野)。只有当视图为透视图时该按钮才出现，用于控制透视图的视野。单击"缩放区域"按钮，在视图中拖动鼠标拉出一个矩形框框住物体，释放鼠标，物体会放大至满屏显示。

1.2.4　工具栏的使用方法

工具栏列出了常用的命令按钮，大多数命令按钮都有对应的菜单项，使用工具栏操作快捷方便。在分辨率低于 1280×1024 的显示模式下，3ds Max 的工具栏不能全部显示，当把鼠标停放在工具栏图标间的空白处时，鼠标会变成手状图标，按住鼠标左键左右拖动，可以显示工具栏的隐藏部分。当把鼠标指向工具栏中的某一个按钮停留片刻，就会弹出这个按钮的名称。拖动工具栏左侧两根垂直线，可使工具栏成为一个浮动面板，还可以通过拖动浮动工具栏的四边或四角来缩放工具栏。当工具栏处于浮动状态时，如果双击标题栏，工具栏会自动还原到默认位置。工具栏上某些图标的右下角有一个黑色的小三角，表明该按钮下还隐藏有其它命令按钮。将鼠标指针移动到某个按钮上并按住鼠标左键不放时，可以弹出一个下拉式按钮列表，显示出被隐藏的工具按钮。工具栏中常用工具的名称及功能如下：

(撤销)：单击可撤销最近一次的操作。

(恢复)：单击可恢复最近一次撤销的操作，连击可从后向前连续撤销多次操作。

(选择并链接)：在对象之间建立链接关系。

(解除链接)：解除对象之间的链接关系。

(绑定空间扭曲)：将空间扭曲变形对象绑定到选定的物体上，达到变形对象的目的。

(选择对象)：用鼠标单击来选择对象，被选中的对象显示为白色。

(按名称选择)：单击该图标会弹出一个对话框，场景中所有的对象名称将显示在该对话框中，用户可按照名称对对象进行选择。

(矩形选择区域)：用鼠标在视图中拖曳出矩形框的方式来选择对象。

(交叉/窗口选择)：在窗口模式中，只有当整个物体全部位于选择区域内时，该物体才能被选择。在交叉模式中，只要物体的一部分位于选择区域内，该物体就会被选择。

(选择并移动)：在视图中选择对象，并可以通过拖动来移动对象。

(选择并缩放)：该弹出按钮提供了对用于更改对象大小的三种工具的访问。按从上到下的顺序，这些工具依次为"选择并均匀缩放"、"选择并非均匀缩放"、"选择并挤压"。

(选择并旋转)：在视图中选择对象，并可以将其沿 X、Y、Z 某个轴向进行角度旋转。

(用选择集中心)：对多个选择对象进行操作时，选取选择集的轴心作为变换中心点。

(选择并操纵)：选取对象的同时，在视图中交互地改变对象的参数，如球体的半径。

(2D、2.5D、3D 捕捉弹出按钮)：用于创建和变换对象或子对象期间捕捉现有几何体的特定部分。

(角度捕捉切换)：旋转对象时，可按设置的数值进行角度的递增或递减。

(百分比捕捉切换)：缩放对象时，能够按设定的数值进行百分比的递增或递减。

(微调器捕捉切换)：使用"微调器捕捉切换"来设置 3ds Max 中所有微调器的单个单击增加或减少值。

(镜像)：一种复制工具，可以对所选择的对象按某一坐标轴进行对称旋转或复制。选择不同的轴，将产生不同的复制效果。

(对齐)：该弹出按钮提供了对用于对齐对象的 6 种不同工具的访问。从左到右的顺序，这些工具依次为"对齐"、"快速对齐"、"法线对齐"、"放置高光"、"对齐摄影机"、"对齐到视图"。

(材质编辑器)：为场景中的对象赋予材质和贴图。

(渲染设置)：打开"渲染场景"对话框，并设置渲染选项。

(渲染帧视图)：打开的"渲染帧视图"会提供 3ds Max 2009 中设置的高度扩展功能。这些设置中大多数已经存在于该程序的其它位置，但在此对话框中添加这些设置意味着无需使用其它对话框即可更改参数和重新渲染场景，这样就可以大大加速工作流程。

(快速渲染)：采用上次的渲染参数进行渲染。

1.2.5　命令面板的使用方法

命令面板由六个用户界面面板组成，使用这些面板可以访问 3ds Max 的大多数建模功能，以及一些动画功能、显示选择和其它工具。每次只有一个面板可见，若要显示不同的面板，单击"命令"面板顶部的选项卡即可。

1. 命令面板的操作

单击子面板标签上的图标，可以进入该命令面板。每一个命令面板都是由一些名称各异的卷展栏组成的，每个卷展栏前面都有一个"+"号或"–"号，单击"+"号可以展开卷展栏，显示卷展栏上的参数，此时"+"号变成"-"号；单击"-"号可以折叠卷展栏，此时"-"号会变成"+"号。

2．命令面板功能简介

（1）"创建"命令面板。单击"创建"命令按钮 ，可打开"创建"命令面板。该面板包含用于创建对象的控件：几何体、摄影机、灯光等。选择"创建"命令面板后，在命令面板上单击其中任意一个按钮，可以选定一个对象类型，同时显示出相应的子面板，可在子面板中完成相关设置，如图 1.9 所示。

（2）"修改"命令面板。单击"修改"命令按钮 ，可打开该命令面板。它包含用于将修改器应用于对象，以及编辑可编辑对象(如网格、面片)的控件。一些常用命令显示在修改命令面板上，使用该面板可对场景中选择的对象进行编辑，也可对其进行设置，大量的编辑命令要在下拉列表框中查找。如图 1.10 所示，显示了部分修改器列表。

图 1.9　"创建"命令面板

图 1.10　"修改"命令面板

（3）"层次"命令面板。该面板包含了用于管理层次、关节和反向运动学中链接的控件。使用该面板可以对物体进行链接控制，主要用于动画层次链接，还提供了正向运动学和反向运动学控制功能。

（4）"运动"命令面板。该面板包含了动画控制器和轨迹的控件，提供了动画控制功能，可以通过面板上的命令对动画进行修改、控制和调整。

（5）"显示"命令面板。该面板包含了用于隐藏和显示对象的控件，以及其它显示选项，主要用于对场景中各种对象的显示控制。在复杂的场景中，经常要隐藏部分对象，这样可以更方便地对其余对象进行操作，同时，面板上还提供了取消对象隐藏的命令。

（6）"工具"命令面板。该面板包含了各种功能强大的实用程序，例如资源管理器、相机匹配、测量、动力学、脚本语言等。默认状态下只列出了 9 个工具，单击"更多"按钮可添加其它程序。

1.3　对象的选择

1.3.1　选择对象的基本方法

在 3ds Max 中要对对象进行编辑和修改，遵循的原则是"先选择，后操作"。一次可以选择一个对象，也可以选择多个对象。选择对象既可以使用选择工具，也可以使用菜单命令和快捷键。3ds Max 提供了多种选择对象的方法，根据不同的场合，灵活运用这些选择方法往往能达到事半功倍的效果。现将这些选择方法归纳如下：

(1) 通过工具按钮选择对象(通过快捷键或名称)。
(2) 通过菜单命令选择对象。
(3) 通过区域选择对象。

1. 通过工具按钮选择对象

3ds Max 主工具栏提供了以下工具按钮用于选择对象：

图1.11 "从场景选择"对话框

(选择)：按下该按钮时，系统处于选择状态，单击可选择一个对象，再次单击新的对象会选择新的对象，同时释放以前选择的对象；按住【Ctrl】键不放，依次单击多个对象，可同时选择多个对象；按住【Alt】键，单击或框选已选定的对象，则可取消这些对象的选定。

(按名称选择)：单击该按钮会打开如图 1.11 所示的"从场景选择"对话框，可以按名称选择对象。在一个拥有较多对象的大场景中，这种方法十分有效。为了使该命令更好地发挥作用，用户应该给每个对象起一个有意义的名称。

"从场景选择"对话框左侧是对象列表，列出了目前场景中所有对象的名称，可以用鼠标直接单击对象名称进行选择，也可以借助【Ctrl】或【Shift】键选择不连续或连续的多个对象名称，完成名称选择后，单击"选择"按钮，即可完成相应对象的选择。

在"从场景选择"对话框中有多个选项组，简要说明如下：

对话框最上方的文本框可以输入对象名称或者对象名称开头的几个字母，在对象名称列表框中与输入的名称相匹配的对象即处于被选择状态。

"排序"(Sort)选项组中的选项可以使列表框中的对象按某种方式排序，便于用户选择。

"列出表类型"(List Types)选项组：可以设定在对象名称列表框中显示的对象类型。例如，勾选几何体复选框则在对象名称列表框中显示场景中几何体的名称。

选择并移动(Select and Move)：该工具按钮具有选择和移动对象两项功能，选择该按钮后，可以方便地移动视图中的对象。

选择并旋转(Select and Rotate)：该工具按钮具有选择和旋转对象两项功能，选择该按钮后，可以方便地旋转视图中的对象。

选择并缩放(Select and Scale)：该工具按钮具有选择和缩放对象两项功能，选择该按钮后，可以方便地放大或缩小视图中的对象。

2. 通过菜单命令选择对象

在"编辑"(Edit)菜单栏下，有多个菜单命令可以用来选择对象，如图 1.12 所示，这些命令说明如下：

全选(All)：可以选择场景中的所有对象。

取消选择(Select None)：可以取消对所有对象的选择，在场景的空白处单击鼠标，也可以取消选择。

反选(Select Inverse)：可以将场景中未选择的对象选择，而将已选择的对象取消选择。

按…选择(Select by)：这是一个级联式菜单，包含"颜色"(Color)和"名称"(Name)两个命令，执行"按颜色"选择命令，在场景中单击一个物体，具有相同颜色的物体都会被选择；执行"按名称"选择命令，弹出一个对话框，相当于单击 按钮。

3. 使用区域选择对象

当 (选择)按钮处于激活状态时，除了可以通过单击选择对象外，还可以通过拖动鼠标的方式框选对象，一般需要选择多个临近的对象时，这种方法效率较高。

框选对象会受到工具栏上 和 两个按钮状态的影响， 按钮右下角有一个黑色的小三角，表明其下有隐藏按钮，按住左键不放会显示一个按钮列表，包含 、 、 三个按钮，这些按钮用来设置框选区的形状。 (交叉)按钮是一个开关按钮，单击可切换成 (窗口)。这几个按钮的功能说明如下：

图1.12 编辑菜单

：矩形区域选择方式，拖动鼠标出现矩形选择范围框，该方式是 3ds Max 的默认方式，如图 1.13 所示。

图 1.13 使用"选择"工具选择多个物体

：圆形区域选择方式，拖动鼠标出现圆形选择范围框。

：自由多边形区域选择方式，先单击鼠标，再移动并单击绘制出不规则的多边形选择区域，当鼠标移动到开始点单击时，不规则区域封闭，在该区域中的物体被选择。

：套索方式，按下鼠标并拖动将绘制出不规则的选择区域，松开鼠标，在该区域中的物体被选择。

1.3.2 选择过滤器

选择过滤器的作用是对选择对象进行过滤，用于指定场景中哪些类型的对象可以选择，哪些类型的对象不能选择。选择过滤器是一个下拉列表框 全部 ，位于主工具栏 工具的左侧。在默认情况下，选择过滤器的对象类型是"所有"，即场景中所有类型的对象都能被选择，打开该下拉列表，可以设置被选择对象的类型。例如选择"图形"，则只能在场景中选择二维图形对象；选择"几何体"，表明只能选择三维几何体对象；选择"灯光"，表明只能选择灯光对象等。

如果在下拉列表中选择"复合"类型，用户可以创建自定义的物体类型，"组合"类型可以包括 3ds Max 中多种类型的组合。选择"组合"后，会弹出如图 1.14(a)所示的对话框，在"创建组合"选项组中勾选物体类型，然后单击"添加"按钮，在"当前组合"列表中出现一个名称，如图 1.14(b)所示，再单击"确定"按钮，这个名称就会出现在选择过滤器的下拉列表中。这时，在场景中选择物体时，只能选择定义的物体类型。

(a) "过滤器组合"对话框

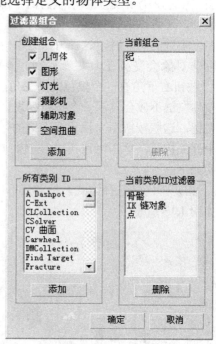
(b) 创建自定义的物体类型

图 1.14 创建自定义的组合类型

1.3.3 选择集的使用

"选择集" 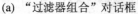 ，允许给一组被选择对象指定一个名称。当定义选择集后，就可以像选择一个对象一样对选择集进行各种操作。使用命名选择集的方法如下：

(1) 选择要包括在集中的对象。
(2) 在"命名选择集"字段中输入集的名称，并按 Enter 键。
(3) 要访问选择时，在空白处单击，取消对物体的选择，从"命名选择集"列表中选择其名称即可。单击 按钮，弹出一个对话框，可以修改或创建新的选择集。

1.3.4 使用组

"组"(Group)可以看做由多个对象组成的集合，是结合到一起的多个对象的混合体。组本身是一个对象，它所包含的其它对象叫组的成员。组可以编辑修改，对组的"编辑"、"修改"操作会影响组中的所有成员。

1. 创建组

下面以图1.15所示的场景为例说明如何创建组，步骤如下：
(1) 在场景中选择三个茶壶；
(2) 执行"组"菜单下的"组"命令；
(3) 在弹出的对话框中输入组的名称，如"茶壶组"；
(4) 单击"确定"按钮，完成组的创建。

组可以嵌套，即一个组可以放入另一个组中，成为另一个组的成员。

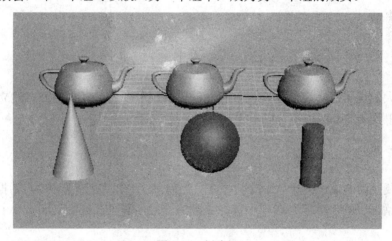

图1.15 创建组

2. 向组中添加对象

可以向一个组中添加新的对象，操作步骤如下：
(1) 在场景中选择圆锥；
(2) 执行"组"菜单下的"附加"命令；
(3) 单击组中的任何一个对象，即可将圆锥添加到该组中。

3. 从组中分离对象

可以从组中分离对象，使对象不再属于本组，操作步骤如下：
(1) 选择"茶壶组"组；
(2) 执行"组"菜单下的"打开"命令，打开组；
(3) 选择组中的一个对象，执行"组"菜单下的"分离"命令，即可将该对象从组中分离出来；
(4) 单击粉红色的线框，执行"组"菜单下的"关闭"命令，关闭组。

4. 拆分组

在"组"菜单中提供了两个拆分组的命令,"取消组"命令和"炸开组"命令,两个命令的主要区别如下:

取消组:该命令用于解散组,但不能解散组中的嵌套组。

炸开组:该命令可以将组以及组内嵌套的组一起解散,得到的将是全部分散的独立对象。

5. 编辑组

对组的变换和修改有两种不同的方法:

(1) 把组当成一个整体进行变换。对组整体应用变换实际上是将变换应用于组节点,这些变换将传递给组中的所有成员。如果从组中分离出某个对象,那么这个对象将不再从原来的组中继承变换操作。

(2) 对组整体应用编辑修改器。对组整体应用编辑修改器,实际上是将其应用于组中的所有成员,即组中的每个成员都应用了相同的修改器。如果从组中分离出一个对象,那么这个对象仍然保留原来从组中被施加的修改器,对组应用的编辑修改器在修改器堆栈中以斜体形式显示。

1.4 复制方法

在制作大的场景时,经常会有大量相同的物体,可以通过复制的方式建立多个模型,在 3ds Max 中复制的方法很多,以下逐一介绍。

1.4.1 克隆

选择要复制的对象,执行"编辑"/"克隆"命令,弹出"克隆选项"对话框,如图 1.16 所示。在对话框中的"对象"选项中选择克隆的方式,即可在原处复制出一个对象。克隆方式包括:

复制:独立地复制对象,复制的对象与原始对象完全相同,但没有任何关系。修改一个对象时,不会影响到另一个对象。

实例:复制的对象与原始对象之间有一种关联关系,并相互影响。修改原始对象时,复制对象也同时被修改了,而修改复制对象时,原始对象也同时被修改了。

参考:对原始对象的修改会影响复制对象,但对复制对象的修改不会影响原始对象,即参数和编辑修改器的传递是单向的。

图 1.16 克隆选项

1.4.2 变换复制

可以使用移动、旋转、缩放工具配合键盘上的【Shift】键进行对象的复制，与克隆不同的是，在复制选项中可以设置复制的数量，如图 1.17 所示。

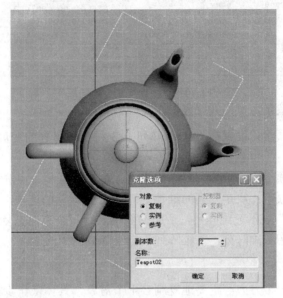

图 1.17　变换复制

1.4.3 镜像复制

使用镜像复制可以很方便地复制出物体的反射效果，执行"工具"/"镜像"命令，弹出"镜像"命令对话框，如图 1.18 所示。镜像工具可以将一个或多个对象沿着指定的坐标轴镜像到另外一个方向，同时也可以产生具备多种特性的复制对象。

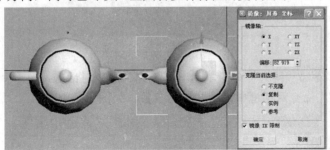

图 1.18　镜像复制

1.4.4 阵列复制

阵列复制工具可以复制出大量、有序的对象，可以产生一维、二维、三维的复制对象。选择复制的对象，执行"工具"/"阵列"命令，弹出"阵列"命令对话框，如图 1.19 所示。

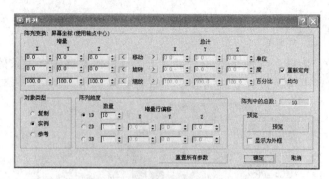

图1.19 "阵列"命令对话框

"阵列"对话框分为三个部分,分别是:

"阵列变换"选项组:设置在"1D"阵列中3种类型阵列的变量值,包括位置、角度和比例。

"对象类型"选项组:决定阵列复制的类型,可选择复制、实例或参考。

"阵列维度"选项组:决定阵列的维数。"1D"是默认的选项,表示一维阵列;"2D"表示二维阵列,"3D"表示三维阵列,后面的数字表示每个方向上复制的个数。

下面通过实例介绍一维阵列、二维阵列、三维阵列的用法。

1. 一维阵列

一维阵列能够沿一个方向等距离地复制若干个对象,具体操作步骤如下:

(1) 创建复制的对象,如图1.20所示;

图1.20 创建复制的对象

(2) 执行"工具"/"阵列"命令,弹出"阵列"命令对话框;
(3) 在"阵列"命令对话框中,设置相关参数,如图1.21所示;

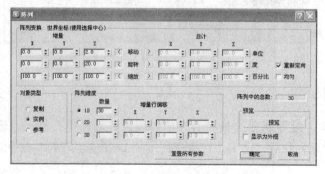

图1.21 一维阵列参数设置

(4) 单击"确定"按钮，完成阵列复制，效果如图1.22所示。

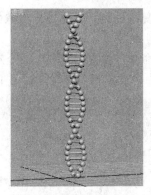

图1.22 一维阵列效果

2. 二维阵列

二维阵列是指在两个方向上实现阵列复制，即在一个平面上复制对象。具体操作步骤如下：

(1) 在透视图中选择复制的对象；

(2) 执行"工具"/"阵列"命令，弹出"阵列"命令对话框；

(3) 在"阵列"命令对话框中，设置相关参数，如图1.23所示；

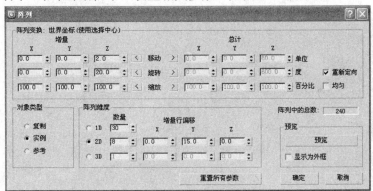

图1.23 二维阵列参数设置

(4) 单击"确定"按钮，完成阵列复制，结果如图1.24所示。

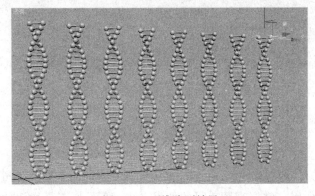

图1.24 二维阵列效果

3. 三维阵列

三维阵列是指在三个方向上复制阵列。具体操作步骤如下：

(1) 在透视图中选择复制的对象；
(2) 执行"工具"/"阵列"命令，弹出"阵列"命令对话框；
(3) 在"阵列"命令对话框中，设置相关参数，如图 1.25 所示；

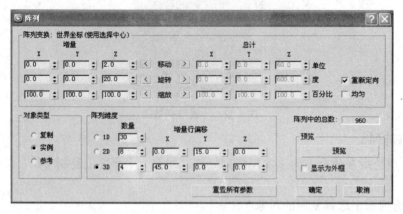

图 1.25　三维阵列参数设置

(4) 单击"确定"按钮，完成阵列复制，结果如图 1.26 所示。

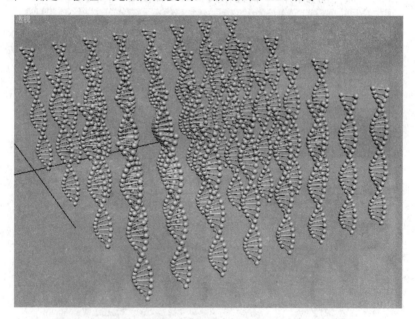

图 1.26　三维阵列效果

本章小结

通过本章的学习，应该对 3ds Max 的基础知识有全面的了解。熟练掌握软件界面的组成以及各功能区的作用；掌握视图工具的使用方法、工具栏工具按钮的使用、命令面板的使用方法；理解各种坐标系统的原理、适用环境及其使用方法，并熟悉在场景中进行对象选择和复制的方法。

习　　题

1. 阐述对象选择的方法有哪些？
2. 简单讲述在场景中如何创建组及在组中添加对象？
3. 克隆复制的方式有哪些？各个方式有什么不同？

第 2 章 3ds Max 建模技术

学习目标

本章主要介绍 3ds Max 中的三大建模方法和相关的基本概念，主要包括 Polygon 多边形方式建模方法、Patch 面片方式建模方法、NURBS 建模方法。通过实例讲解建模的基本要领和步骤。通过本章的学习要求达到以下目标：
- 掌握建模的基础知识和基本概念。
- 掌握 Polygon 多边形方式建模方法。
- 掌握 Patch 面片方式建模方法。
- 掌握 NURBS 建模方法。
- 理解最基础的三种建模原理及知识重点。

2.1 建 模 简 介

现在的三维动画行业中所使用的软件众多，这些软件自身都带有建模系统，还有一些软件是专门针对建模功能开发的。虽然软件建模方法各种各样，但是最为基础的建模手段还是集中于三大类：

(1) Polygon 多边形方式建模，如图 2.1 所示。
(2) Patch 面片方式建模，如图 2.2 所示。
(3) NURBS 方式建模，如图 2.3 所示。

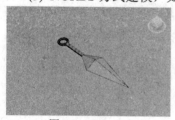

图 2.1 Polygon　　　　　图 2.2 Patch　　　　　图 2.3 NURBS

2.1.1 多边形建模

3ds Max 多边形建模方法比较容易理解，非常适合初学者学习，并且在建模的过程中使用者有更多的想象空间和修改余地。

多边形建模是比较古老的建模体系，但它也是现阶段发展得最为完善和应用最为广泛的建模方法。目前主流的三维动画软件基本上都包含了多边形建模的功能，多边形建模在工业、建筑、游戏、角色等方面都有涉及。

制作前应先统一场景单位。点击主菜单上的"自定义"/"单位设置"，出现"单位设置"框，在"显示单位比例"项目组中点击"公制"选择"厘米"，如图2.4所示。然后点击"系统单位设置"按钮，选择"厘米"作为单位，如图2.5所示。

图2.4 "单位设置"对话框

图2.5 单位设置

2.1.2 桌子的制作

操作步骤如下：

(1) 选择 (创建)/ (几何体)/"长方体"，设置长、宽、高分段数分别为3、3、2。如图2.6所示。将长方体转变为可编辑多边形，点击 (顶点)切换到顶点次物体级，利用移动工具移动点的位置，如图2.7所示。

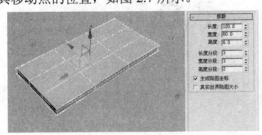

图2.6 创建长方体

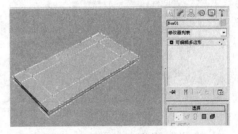

图2.7 移动点

(2) 点击 (多边形)层级，选择四个角上的多边形，点击"编辑多边形"卷展栏下的"挤出"命令，挤出桌腿参数，如图2.8所示。进入多边形次物体级，选择侧面四周的多边形，执行"挤出"命令，挤出类型选择"局部法线"，如图2.9所示。

图2.8 挤出桌腿

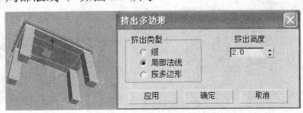

图2.9 局部法线

(3) 利用"移动"工具调节模型的点,制作完成,如图 2.10 所示。

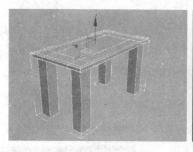

图 2.10　完成效果

(4) 给桌子上制作一个杯子。选择 ▶(创建)/ ◯(几何体),点击 圆柱体 建立圆柱体,设置高度分段数为 7,如图 2.11 所示。将圆柱体转变为可编辑多边形,点击选择 ■(多边形)层级,在"编辑多边形"卷展栏下,使用"插入"工具缩放顶面,如图 2.12 所示。

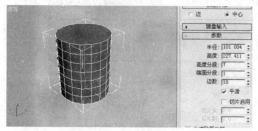

图 2.11　建立圆柱体　　　　　　　图 2.12　缩放顶面

(5) 点击"编辑多边形"卷展栏下的"挤出"工具做出杯子的内面。如图 2.13 所示。点击 ⟡,在前视图中绘制线,如图 2.14 所示。

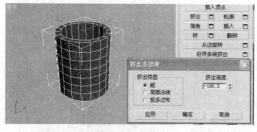
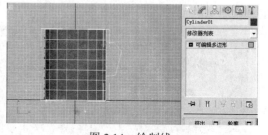

图 2.13　挤出　　　　　　　　　　图 2.14　绘制线

(6) 选择和线相交的面,点击"编辑多边形"卷展栏下的"沿样条线挤出"工具,拾取创建的线,如图 2.15 所示。进入多边形次物体级,删除需要焊接的多边形面,使用 目标焊接 工具,焊接如图 2.16 所示。

图 2.15　沿样条线挤出　　　　　　图 2.16　目标焊接

(7) 切换到 (修改)面板,进入"修改器"列表,为模型添加"网格平滑"修改器,设置"迭代次数"为 2。杯子模型制作完成后,使用"文件"/"合并"命令将其与桌子合并,使用缩放工具调节比例关系,按【Shift+Q】键渲染,如图 2.17 所示。

图 2.17 完成效果

2.1.3 面片建模

在 3ds Max 学习过程中,细心的人会发现 Patch 面片建模属于高级建模,但相对于 NURBS 建模,Patch 面片建模要简单得多。因为 Patch 面片建模中没有太多的命令,经常用到的无非就是添加三角形面片、添加矩形面片和焊接命令。但这种建模方式对设计者的空间感要求较高,而且要求设计者对模型的形体结构有充分的认识,最好可以参照实物模型。这种建模方式是偏向于设计者艺术修养的一种建模方式,在 Patch 面片建模学习过程中,设计者艺术修养是一方面,而设计者的耐心是决定模型精细程度的另一方面。

面片建模最早是 3ds Max 的一个第三方插件 Surface Tools,现在已经并入到 3ds Max 中,它可以将模型的制作变为立体线框的搭建,利用可调节曲率的面片进行模型拼接。

由于 Patch 建模方法不存在命令解释的问题,所以我们在最初学习这种建模方法的时候,都是通过实际建模过程来熟悉和掌握它的。在此先通过学习最简单的模型建立来了解这种建模方法,之后再学习较复杂的模型建模。

2.1.4 水壶的制作

操作步骤如下:

(1) 切换到顶视图,在 样条线中点击 矩形 按钮,在顶视图中画一个矩形样条线,如图 2.18 所示。

图 2.18 画样条线

(2) 选择样条线"矩形",在前视图按下【Shift】键并沿 Y 轴向下移动复制若干个样条线,如图 2.19 所示。

图 2.19 复制

(3) 点击 ,打开"修改"面板,在"几何体"卷展栏中点击 附加 ,可附加其它的样条线,如图 2.20 所示。

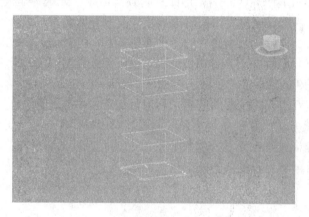

图 2.20 附加

(4) 选择 的层级,点击 ,选择样条线,依次使用"缩放"命令进行缩放。使样条线缩放到水壶的形状为止,如图 2.21 所示。

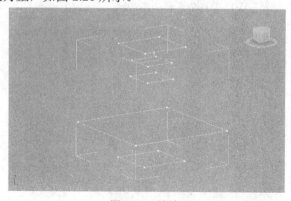

图 2.21 缩放

(5) 选择所有的样条线,在"几何体"卷展栏中点击 轮廓 ,设置参数为 –0.5,如图 2.22 所示。

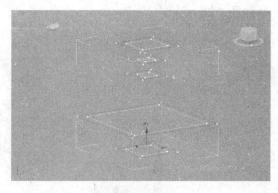

图 2.22 轮廓

(6) 在"几何体"卷展栏中点击 创建线 命令,打开 ³(三维捕捉),使用"创建线"命令连接圆环的端点,如图 2.23 所示。

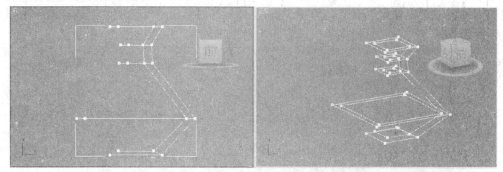

图 2.23 创建线

(7) 使用同样的方法连接剩余的端点,如图 2.24 所示。

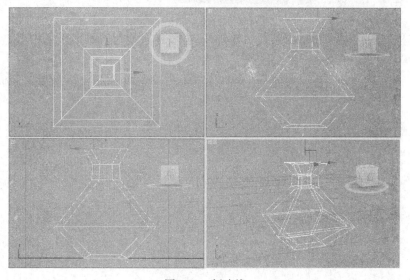

图 2.24 创建线

(8) 此时，水壶的大体结构已完成。在修改器列表中给样条线添加"曲面"修改器，如图 2.25 所示。

(9) 生成水壶的表面，如图 2.26 所示。

图 2.25 添加"曲面"修改器

图 2.26 生成

(10) 生成表面时出现了褶皱和法线方向的错误，需要在曲线的参数面板中调节参数。在"参数"卷展栏中设置"阈值"为 0.5 cm，以解决褶皱问题；勾选"翻转法线"选项来解决法线错误问题。在"面片拓扑"项目组中设置步数为 10，如图 2.27 所示。

图 2.27 设置"阈值"

(11) 在顶视图中再次创建样条线"矩形"，并将样条线对齐到瓶子的中心，如图 2.28 所示。

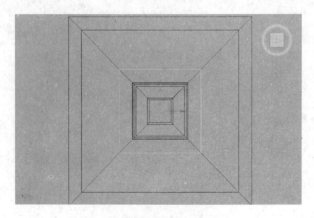
图 2.28 创建样条线

(12) 在前视图中移动样条线到瓶子底部并复制一个矩形样条线。在修改器列表中给矩形样条线添加"编辑样条线"修改器,并在"几何体"卷展栏中附加另一条矩形样条线,如图 2.29 所示。

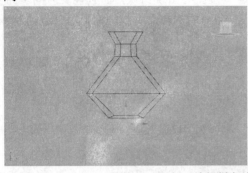

图 2.29　添加"编辑样条线"修改器

(13) 点击 ▢ 使用缩放命令缩小上面的矩形样条线。点击"几何体"卷展栏中的"创建线"命令,打开 ⌇³(三维捕捉),连接端点。完成后在修改器列表中添加命令曲面。调节参数使瓶底正常,水壶的底就制作完成了,如图 2.30 所示。

图 2.30　生成曲面

(14) 点击 ✥,移动模型到水壶的底部充当壶底,复制一个模型到水壶的顶端,点击 ↻ 旋转 180°。使用 ✥ ↻ ▢(移动、旋转、缩放)命令将其制作成为水壶的塞子。至此,水壶制作完成,如图 2.31 所示。

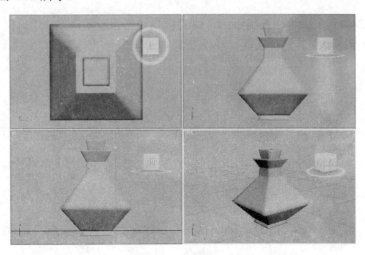

图 2.31　水壶的塞子

2.1.5 水杯的制作

网格的编织很繁琐，在编织的过程中往往会出现错误，而且耗费时间。为了节约时间，方便编织网格，3ds Max 系统还提供了一个辅助的自动编织命令，用来节约制作模型的时间和资源。

操作步骤如下：

(1) 点击 ，在上视图中创建一个圆，圆半径为 2.5 cm，如图 2.32 所示。

图 2.32　创建一个圆

(2) 在前视图中按下【Shift】键的同时移动样条线，向下复制 10 个圆，如图 2.33 所示。

图 2.33　复制

(3) 在修改器列表中给样条线添加"编辑样条线"修改器，点击"几何体"卷展栏中的 附加 命令，附加其它样条线，如图 2.34 所示。

图 2.34　附加

(4) 点击 ∧ 的层级，选择样条线，使用 □ (缩放)命令缩放水杯内壁的结构线，如图 2.35 所示。

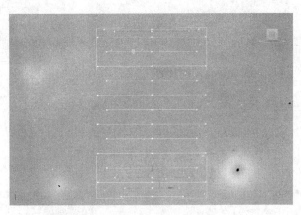

图 2.35 缩放样条线

(5) 点击"几何体"卷展栏，选择新顶点类型为"线性"，再点击"横截面"命令编织水杯内壁的网格，从最下面的红色样条线开始编织，如图 2.36 所示。

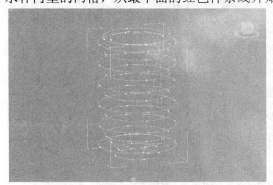 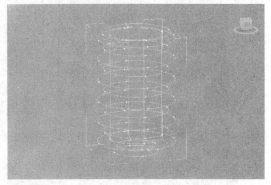

图 2.36 横截面

(6) 将新顶点类型设置为"平滑"方式，再次点击"几何体"面板下的"横截面"命令来编织水杯外部的网格，从内壁网格的最上面的样条线开始编织，完成后用右键结束编织，如图 2.37 所示。

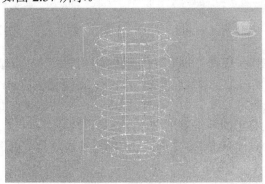 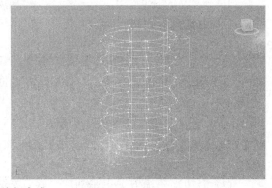

图 2.37 编织完成

(7) 在修改器列表中给网格添加"曲面"命令，生成模型，参数如图 2.38 所示。

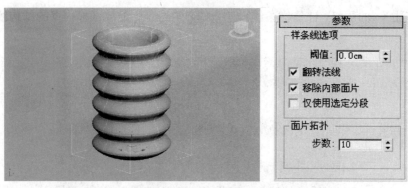

图 2.38 添加"曲面"命令

(8) 至此，水杯制作完成，如图 2.39 所示。

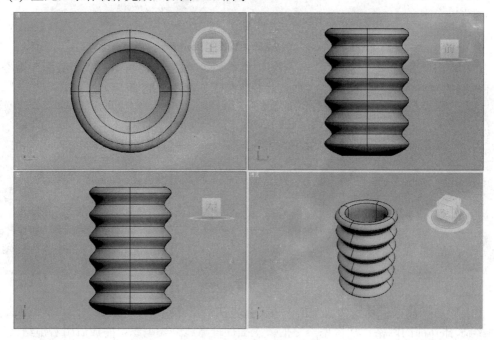

图 2.39 完成的效果

2.1.6 NURBS 建模

3ds Max 提供 NURBS 曲面和曲线。NURBS 代表"非均匀有理数 B-样条线"，它已成为设置和建模曲面的行业标准。NURBS 曲面和曲线尤其适合于使用复杂的曲线建模曲面，使用 NURBS 的建模工具不要求了解生成这些对象的数学知识。NURBS 是常用的建模曲面方式，这是因为它们很容易交互操纵，且创建它们的算法效率高，计算稳定性好。

也可以使用多边形网格或面片来建模曲面，与 NURBS 曲面比较，网格和面片具有以下缺点：

(1) 多边形建模方式很难创建一些复杂的曲面。

(2) 由于网格为面状效果，面状出现在渲染对象的边上，故必须有大量的小面以渲染平滑的弯曲边。

另一方面，由于 NURBS 曲面是解析生成的，所以可以更有效地计算它们，而且也可旋转显示为无缝的 NURBS 曲面(渲染的 NURBS 曲面实际上与多边形相近，但 NURBS 近似可以有细密纹理。)。

NURBS 建模会用到各种专用的曲面建模工具，如"剪切"、"融合"、"缝合"、"删除"、"结合"等。NURBS 建模适用于高精确的工业曲面建模，也可以用于生物模型的制作。

2.1.7 圆帽的制作

操作步骤如下：

(1) 点击 (图形)，在下拉菜单下选择"NURBS 曲线"，执行"CV 曲线"命令，在前视图中，从上至下绘制出圆帽的外轮廓线，如图 2.40 所示。

(2) 按鼠标右键结束绘图命令。点击 (修改)进入"修改"命令面板。点击 (NURBS 创建工具箱)，弹出 NURBS 创建工具箱，如图 2.41 所示。

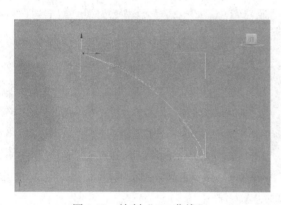

图 2.40 绘制"CV 曲线"

图 2.41 NURBS 创建工具箱

(3) 在 NURBS 创建工具箱中点击 (创建车削曲面)命令，车削旋转成型，如图 2.42 所示。

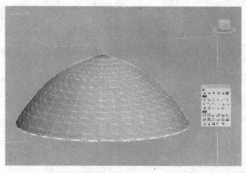

图 2.42 旋转成型

(4) 在车削命令参数面板上设置参数，可以即时调节旋转的轴向、对齐、法线方向等，参数设置完成后在修改面板中点击"NURBS 曲线"前的"+"来展开层级，选择"曲线 CV"层级，进入曲线的控制点层级，在前视图控制点的层级下，移动点可以改变车削成型的曲面形态，如图 2.43 所示。

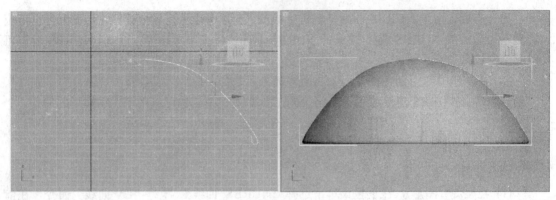

图 2.43 调节曲面形态

(5) 给圆帽加一个厚度,在"CV 面板"中点击"延伸"命令,在前视图中点击并拖动轮廓线顶部的端点,会伸长一段新的线,再次点击拖动会再次产生新的端点,直至底部释放,如图 2.44 所示。

图 2.44 增加厚度

(6) 按鼠标右键结束"延伸"命令。选择 (单个 CV),使用移动工具在前视图对 NURBS 曲线进行调节,使新产生的定点连成圆帽的内壁,即形成了圆帽的厚度,如图 2.45 所示。

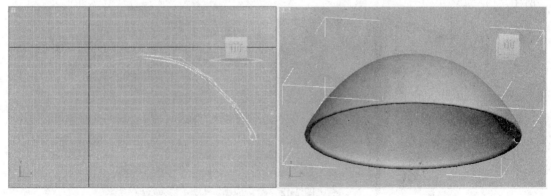

图 2.45 调节厚度

(7) 切换到"曲面"层级,选择圆帽物体,如图 2.46 所示。

(8) 展开"曲面公用"卷展栏,点击"使独立"按钮,这时曲面已经转化为控制点曲面类型了。进入曲面 CV,模型出现控制点和线框,如图 2.47 所示。

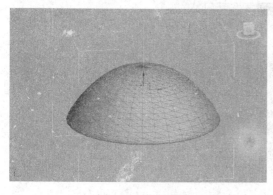
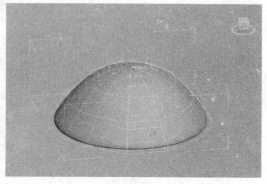

图 2.46　曲面层级　　　　　　　　　图 2.47　进入曲面 CV

(9) 点击 ▦ (单个 CV)，选择 CV 控制点移动改变模型形状，如图 2.48 所示。

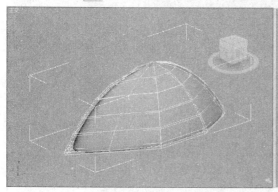
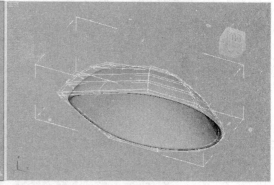

图 2.48　改变模型形状

(10) 复制几个改变形状的帽子模型，创建圆柱体，将模型链接作为圆帽的装饰。在 ⬤(图形)下拉菜单中选择"样条线"，点击 ▭文本▭ ，切换到修改面板，在"参数"卷展栏的文本栏中输入"影子"两字，参数如图 2.49 所示。在前视图中创建字，如图 2.50 所示。

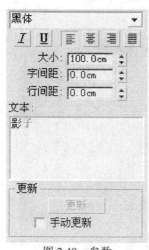
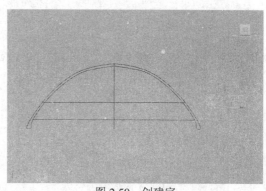

图 2.49　参数　　　　　　　　　　图 2.50　创建字

(11) 给新创建的"影子"文字在修改器列表中添加"倒角"修改器，参数设置如图 2.51 所示。

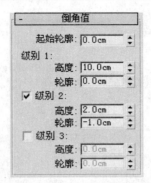

图 2.51 添加"倒角"修改器

(12) 使用"移动"、"缩放"命令把字摆放到圆帽上面，如图 2.52 所示。

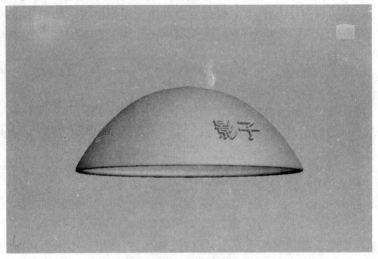

图 2.52 摆放字

(13) 加上一些小装饰，圆帽就完成了，如图 2.53 所示。

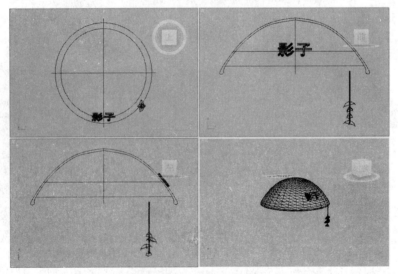

图 2.53 完成的效果

2.2 应用案例——场景

本节将制作一个小的场景，在场景制作过程中学习几种常用的建模方式。

2.2.1 简单地形的制作

操作步骤如下：

(1) 选择 ▨(创建)/ ◯(几何体)，点击 ▨平面▨ 命令，在顶视图中创建一个平面，平面的分段数设置得多一些，如图 2.54 所示。

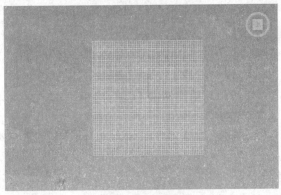

图 2.54 创建平面

(2) 在修改器列表中给模型添加"编辑多边形"修改器。选择 ▨(顶点)层级，勾选"软选择"卷展栏下的"使用软选择"，如图 2.55 所示。

图 2.55 使用软选择

(3) 选择图中所示的点，使用软选择方式进行选择时，选择的点是带衰减的，颜色越深，影响越大，如图 2.56 所示。

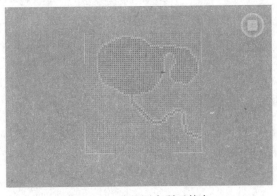

图 2.56 选择图中所示的点

(4) 在前视图使用 ✥(移动)工具，向下移动所选择的点，这样湖泊的大体形状就做出来了，如图 2.57 所示。

图 2.57 向下移动

(5) 关闭软选择。在点层级中使用快捷键【Ctrl+I】反选顶点，选中除湖泊外所有的点，点击展开"绘制变形"卷展栏下的 推/拉 (推/拉)命令编辑模型，如图 2.58 所示。

图 2.58 反选

(6) 点击 推/拉 命令，视图中出现圆形笔刷，切换到正交视图，推拉出山坡、凹地等不同地形，如图 2.59 所示。

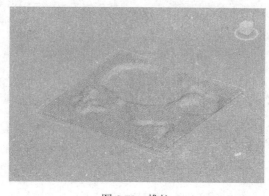

图 2.59 推拉

提示：在使用"推/拉"工具时，可以通过按住键盘上的【Alt】键或是不按来进行推或拉的笔刷操作。

（7）使用笔刷编辑时有时会出现过于尖锐的棱角，这时可以点击"绘制变形"卷展栏下的 松弛 （松弛）命令切换笔刷类型，使得笔刷松弛尖锐的棱角变得圆滑，如图 2.60 所示。

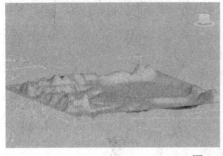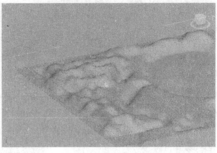

图 2.60 松弛

（8）在上视图中创建平面作为水面，并使用"移动"工具将水面移动到合适的位置和高度，如图 2.61 所示。

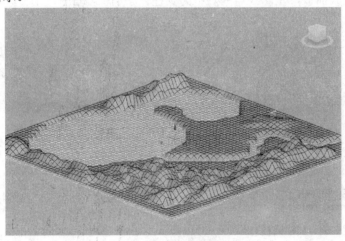

图 2.61 创建平面

（9）给创建的平面在修改器列表中添加"噪波"修改器，调节"参数"卷展栏中的参数，如图 2.62 所示。

图 2.62 添加"噪波"修改器

(10) 参数设置完成后水面的波纹如图 2.63 所示。

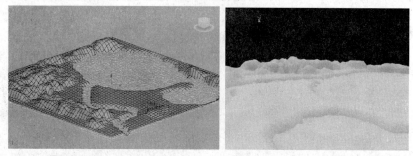

图 2.63 水波纹

2.2.2 木头桥梁的制作

操作步骤如下：

(1) 选择 (创建)/ (几何体)，点击 圆柱体 ，在前视图中创建一个圆柱，参数为：半径为 10 cm，高度为 300 cm，段数为 4，端面分段为 1，边数为 8，如图 2.64 所示。

(2) 切换到修改面板，在修改器列表中为圆柱体添加"编辑多边形"修改器，如图 2.65 所示。

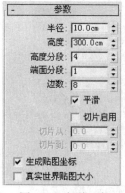

图 2.64 创建圆柱

图 2.65 添加"编辑多边形"修改器

(3) 选择 (顶点)层级，拖动模型上面的点使其不规则，如图 2.66 所示。

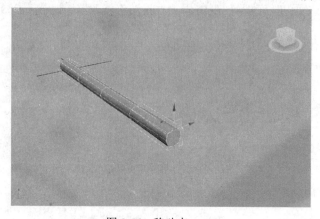

图 2.66 移动点

(4) 小幅度移动每个点，使模型显得更自然。通过使用"移动"、"旋转"、"缩放"命令调整完成的模型如图 2.67 所示。

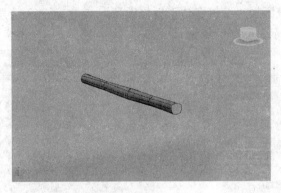

图 2.67 完成的模型

(5) 在修改器列表中添加"FFD 4x4x4"修改器，添加此修改器可以调整木头的外形，如图 2.68 所示。

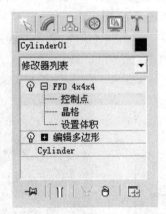

图 2.68 添加"FFD 4x4x4"修改器

(6) 选择"FFD 4x4x4"下的控制点层级，拖动控制点来改变模型的形状，如图 2.69 所示。

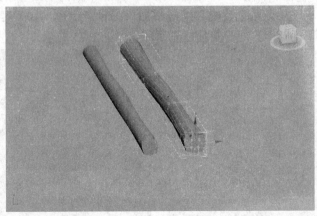

图 2.69 调节模型

(7) 制作桥板。创建一个长度为 250 cm，宽度为 30 cm，高度为 10 cm，长度分段为 4，宽度分段为 1，高度分段为 1 的长方体，如图 2.70 所示。

(8) 在修改器列表添加"编辑多边形"修改器，点击 进入边层级，选择模型外轮廓上的边，如图 2.71 所示。

图 2.70　创建模型　　　　　　　　图 2.71　选择边

(9) 点击"编辑边界"卷展栏下的 切角 命令，在弹出的对话框中将"切角量"设置为 1.0 cm，"分段"设置为 3，如图 2.72 所示。

(10) 和制作树干的方法一样，点击 (顶点)命令，选择模型中的点，移动它使桥面木板显得自然一些，如图 2.73 所示。

图 2.72　切角　　　　　　　　图 2.73　调节模型

(11) 制作角铁，点击 (图形)，选择 线 ，在前视图中创建如图 2.74 所示的二维线。在修改器列表中为刚创建的二维线添加"编辑多边形"修改器。点击 (边界)选择模型的边界，按下【Shift】键的同时拉出面片，如图 2.75 所示。

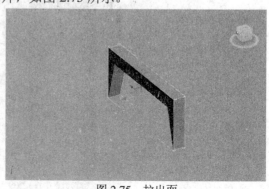

图 2.74　创建图形　　　　　　　　图 2.75　拉出面

(12) 点击"编辑边界"卷展栏中的"封口"命令把缺少的面补上,如图 2.76 所示。边的层级给选择的边添加段数。在"编辑边界"面板中点击"连接",参数"分段"为 3,如图 2.77 所示。

图 2.76 封口

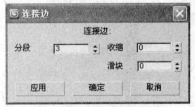

图 2.77 连接

(13) 在点次物体级,适当拖动点使模型不规则,如图 2.78 所示。

图 2.78 调节模型

(14) 选择 ◁(边)层级,并选择模型所有的外轮廓的边,点击 切角 按钮,设置切角的参数值为 0.03 cm,如图 2.79 所示。

图 2.79 切角

(15) 此时,木桥的模型部件基本完成,下面组装桥梁。先把制作的树干复制三个,调整外形,使三个树干的外形有所不同,如图 2.80 所示。按下【Shift】键的同时移动模型复制多个树干组成桥体。使用"移动"、"旋转"、"缩放"命令使每个木桩都有所不同,如图 2.81 所示。

图 2.80 复制树干

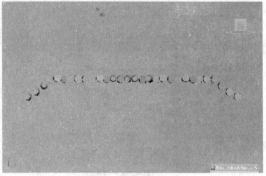
图 2.81 复制树干组

(16) 在"编辑几何体"卷展栏下点击"附加"命令,附加所有的木桩。在修改器列表中添加"切片"修改器,将切片类型设置为"移除底部",如图 2.82 所示。

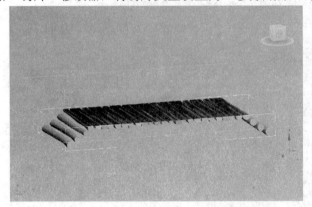

图 2.82 切片

(17) 点击鼠标右键转换为可编辑多边形,点击 选择模型中所有的边界。点击"编辑边界中的封口"命令对模型进行封口处理,如图 2.83 所示。

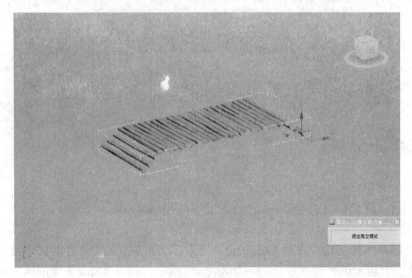

图 2.83 封口

(18) 使用和树干相同的方法制作桥柱、桥墩等,如图 2.84 所示。

图 2.84 桥柱、桥墩

(19) 在场景中添加制作的桥板,根据桥面的位置铺上桥板,如图 2.85 所示。

图 2.85 添加桥板

(20) 为桥添加角铁,移动到木桥上固定或者是想连接的地方,如图 2.86 所示。

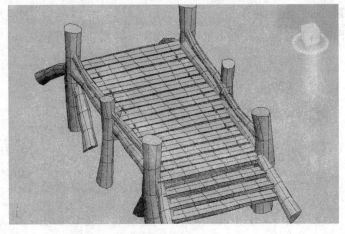

图 2.86 添加角铁

(21) 至此，木桥制作完成，如图 2.87 所示。

图 2.87　完成的效果

2.2.3　房子的制作

操作步骤如下：

(1) 选择 (创建)/ (几何体)，点击 圆柱体 建立圆柱体。参数设置：半径为 15 cm，高度为 300 cm，高度分段为 5，端面分段为 1，边数为 18，如图 2.88 所示。然后切换到 (修改)面板，在修改器列表中为模型添加"FFD 4x4x4"修改器。点击"FFD 4x4x4"旁的"+"号，选择"控制点"层次，如图 2.89 所示。

图 2.88　创建圆柱体

图 2.89　调整控制点

(2) 选择上下两端的控制点，点击 进行放大，如图 2.90 所示。

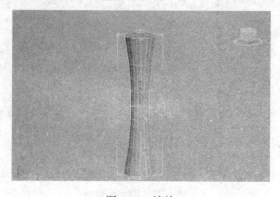

图 2.90　缩放

(3) 按下【Shift】键的同时拖动鼠标复制一个圆柱，鼠标右键点击 ✥ 弹出"移动变换输入"对话框，在 X 轴方向填入 700 cm，使复制的圆柱向原有圆柱 X 轴方向移动 700 cm，然后用同样的方法移动圆柱在 Y 轴方向移动 500 cm，如图 2.91 所示。

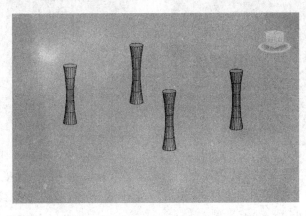

图 2.91　复制圆柱

(4) 在上视图中创建四个长方体作为墙，分别放置于四根柱之间，如图 2.92 所示。

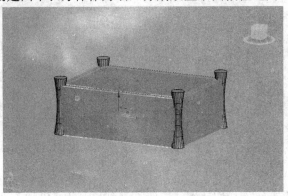

图 2.92　创建墙

(5) 选中其中一个长方体，在修改器列表中添加"编辑多边形"修改器，选择 ◁(边)层级，选择模型的上下方向上所有的边，如图 2.93 所示。

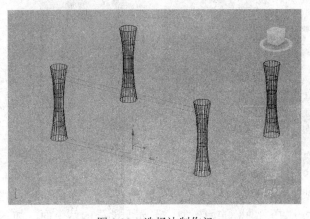

图 2.93　选择边制作门

(6) 点击"编辑边"卷展栏中的"连接"命令创建线,如图 2.94 所示。选择新创建的边点击"切角"按钮,"切角"大小设置为 60 cm,如图 2.95 所示。

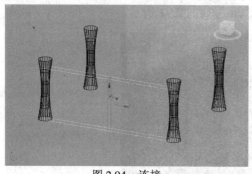
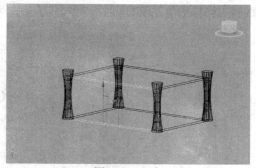

图 2.94　连接　　　　　　　　　图 2.95　切角

(7) 选择"切角"命令生成的边,点击"编辑边"卷展栏中的"连接"命令创建新的边,选择新创建的边,沿 Z 轴方向向上移动 60 cm,点击选择 ■(多边形)层级,选择图中所示的面进行删除,如图 2.96 所示。

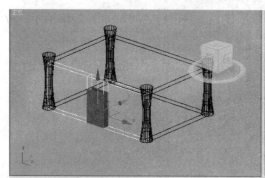
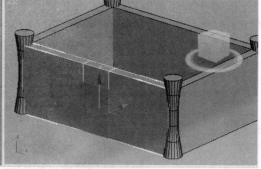

图 2.96　删除面

(8) 删除面后,点击 ◁(边)切换到边层级选择线,利用【Shift】键复制边的方法将空缺的面补上,如图 2.97 所示。点击"顶点"层级选择断开处的点,使用"焊接"命令将其焊接,如图 2.98 所示。

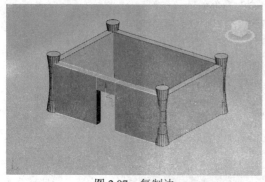
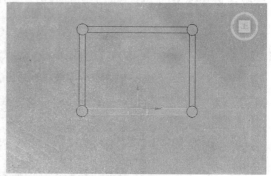

图 2.97　复制边　　　　　　　　　图 2.98　焊接点

(9) 复制一个圆柱,用"缩放"命令缩小放在门上作为装饰物,如图 2.99 所示。

(10) 制作窗口,选择门两旁的墙模型,选择面朝外的两个面,如图 2.100 所示。点击按钮"倒角"设置参数高度为 0,轮廓量为 −80 cm。

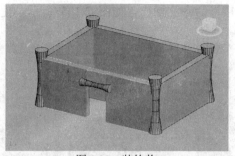
图 2.99 装饰物

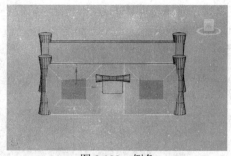
图 2.100 倒角

(11) 点击 挤出 设置挤出参数为 −20 cm，如图 2.101 所示。使用圆柱体拼出窗户的样子放到窗框中，如图 2.102 所示。

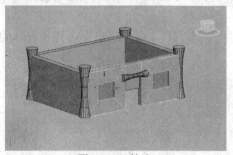
图 2.101 挤出

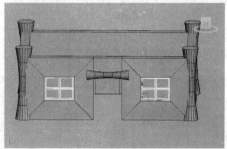
图 2.102 窗框

(12) 在上视图中建立长方体制作屋顶。长方体参数设置：长为 600 cm，宽为 900 cm，高为 50 cm，并在修改器列表中为其添加"编辑多边形"修改器，如图 2.103 所示。

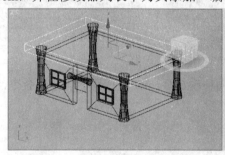

图 2.103 创建模型

(13) 点击 (边)，选择图 2.104 所示的线，在"编辑边"卷展栏中选择"连接"命令，连接两条选择的边。

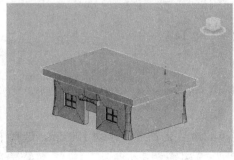
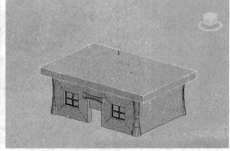

图 2.104 连接边

(14) 选择与连接的边相环的两条边进行"连接"命令的操作，如图 2.105 所示。使用"切角"命令参数为 220，如图 2.106 所示。

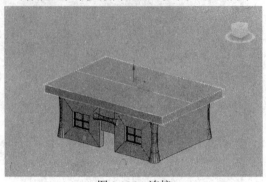
图 2.105　连接

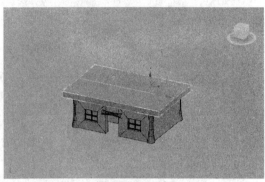
图 2.106　切角

(15) 点击 (顶点)切换到"顶点"层级，使用 目标焊接 命令将点焊接到长方体的四个角上，如图 2.107 所示。

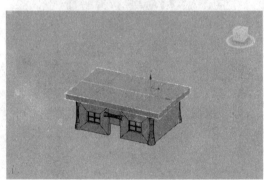

图 2.107　焊接

(16) 选择中间的边在透视图中沿 Z 轴方向移动 200 cm，再使用"切角"命令，切角量设置为 120 cm，如图 2.108 所示。

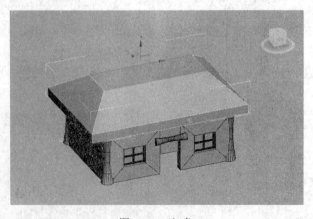

图 2.108　切角

(17) 选择边使用"连接"命令连接，所连接的边沿 Z 轴方向移动 100 cm，选择中间没有连线的点，连接两点，如图 2.109 所示。

图 2.109 连接

(18) 房子主要结构完成后，可添加一些小的模型对房子进行装饰，如图 2.110 所示。

图 2.110 完成的效果

2.2.4 制作围栏

操作步骤如下：

(1) 选择 (创建)/ (几何体)/建立圆柱体。参数设置：半径为 10 cm，高度为 150 cm，高度分段为 4，端面分段为 1，边数为 12，如图 2.111 所示。

(2) 在修改器列表中给模型添加"编辑多边形"修改器。在 (顶点)层级选择模型上的点进行局部的移动，使长方体看上去自然一些，这和制作木桥上的横木是一样的，如图 2.112 所示。

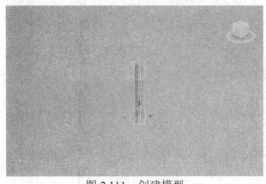

图 2.111 创建模型

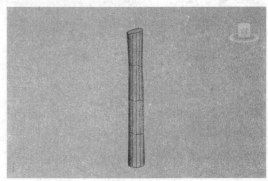

图 2.112 调节

(3) 按下【Shift】键移动复制模型,在修改器列表中给复制的模型添加"FFD 3x3x3"修改器,打开"FFD 3x3x3"的控制点层级,旋转控制点,改变模型的形状,以免模型形状大小过于单一,如图 2.113 所示。

 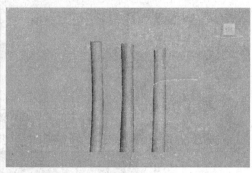

图 2.113　FFD 修改

(4) 将已经做好的木杆使用"缩放"、"移动"和"旋转"命令,拼接围栏,使用"缩放"命令缩小木杆,如图 2.114 所示。

(5) 使用"旋转"命令,将旋转木杆 90°,如图 2.115 所示。

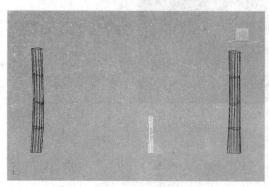

图 2.114　缩放　　　　　　　　　图 2.115　旋转

(6) 使用"移动"命令移动木杆,图 2.116 所示。

(7) 给木杆在修改器列表中添加"FFD 2x2x2"修改器,选中"控制点"层级通过控制点将模型拉长,如图 2.117 所示。

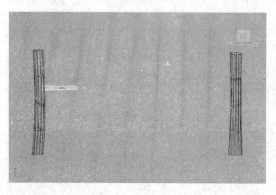 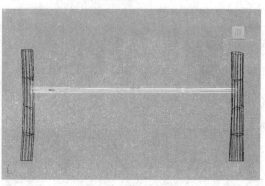

图 2.116　移动　　　　　　　　　图 2.117　FFD 修改

(8) 使用同样的命令，制作围栏的其它部分，如图 2.118 所示。

(9) 围绕房子要建立一圈的围栏，使用"复制"命令复制已做好的一节围栏，组成整个围栏的结构，如图 2.119 所示。

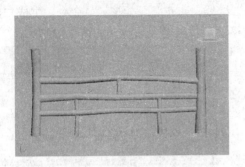

图 2.118　制作其它栏杆

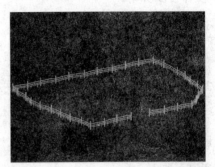

图 2.119　完成的效果

2.2.5　制作大门

操作步骤如下：

(1) 在围栏未封闭处创建一个圆柱体，给圆柱体在修改器列表中添加"编辑多边形"修改器。点击 (顶点)层级，选择点，使用 (移动)工具或使用 (旋转)工具，移动或旋转点使模型看上去自然一点，更像门柱，如图 2.120 所示。

(2) 按下【Shift】键，移动模型复制到另一边，如图 2.121 所示。

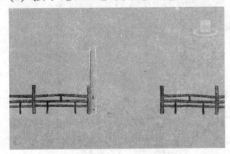

图 2.120　调整点

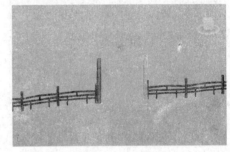

图 2.121　复制

(3) 和制作围栏一样，使用已经做好的木杆利用"缩放"、"移动"和"旋转"命令，拼接门的骨架，如图 2.122 所示。

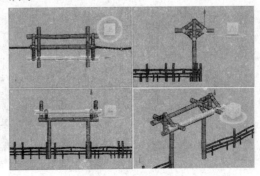

图 2.122　调整模型

2.2.6 制作屋顶茅草

操作步骤如下:

(1) 切换到上视图,在门的位置绘制一个二维线,点击 矩形 命令,生成二维线矩形,如图 2.123 所示。在前视图中把二维线移动到骨架的上边缘,如图 2.124 所示。

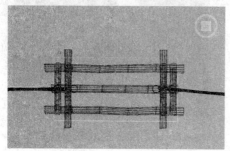

图 2.123　创建矩形

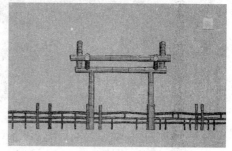

图 2.124　移动

(2) 在修改器列表中给创建的二维线添加"编辑多边形"修改器,这时二维线变成了一个面。打开 ■ (多边形)层级选择面,在"编辑多边形"卷展栏中点击 挤出 ,挤出面,参数为 30 cm。然后点击 ◯ (边界),选择下面没有闭合的边界。点击 封口 命令把没有封口的边界封口,如图 2.125 所示。

(3) 点击 ◁ (边),选择图 2.126 中两侧的边。

图 2.125　挤出并封口

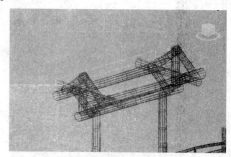

图 2.126　选择边

(4) 点击"编辑边"卷展栏下的 连接 命令,连接选择的 4 条边,参数为 1。在左视图中选择连接 4 条边所交叉的 4 个点移动到骨架的顶端,完全遮盖住骨架,如图 2.127 所示。

(5) 再次选择边,使用 连接 命令进行连接,如图 2.128 所示。

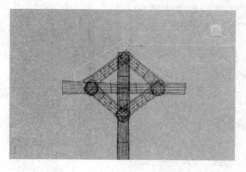

图 2.127　连接边并移动点

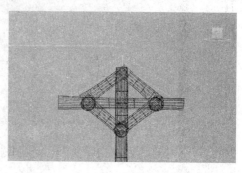

图 2.128　连接边

(6) 选择连接命令所生成的点移动到如图 2.129 所示的位置。点击 ◁(边)打开边层级使用 切角 命令对模型进行切角，使模型看起来平滑些，如图 2.130 所示。

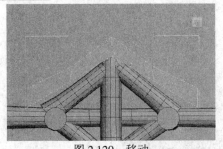
图 2.129　移动

图 2.130　切角

(7) 这样院子的门就做好了，如图 2.131 所示。

图 2.131　完成的效果

2.3　应用案例——道具

2.3.1　标靶的制作

操作步骤如下：

(1) 在上视图中创建一个圆柱体，参数设置：半径为 50 cm，高度为 20 cm，高度分段为 3，端面分段为 1，边数为 24，如图 2.132 所示。

图 2.132　创建圆柱体

(2) 点击 🔄 (旋转)，旋转模型 90°，如图 2.133 所示。

(3) 再次创建圆柱体，并通过"移动"、"旋转"、"缩放"等工具制作成箭靶的支架，和制作围栏的方法一样，如图 2.134 所示。

图 2.133　旋转　　　　　　　　　　　图 2.134　制作支架

(4) 在 ■ (多边形)层级下选择图中所示的面，使用"编辑多边形"卷展栏下的倒角命令，参数设置：高度为 0，轮廓量为 10 cm。重复使用该命令 4 次，最后结果如图 2.135 所示。

(5) 点击 ◁ (边)层级选择图 2.136 中所示的边。

图 2.135　倒角　　　　　　　　　　　图 2.136　选择边

(6) 使用"切角"命令，参数：切角量为 0.6 cm，分段为 1。选择切角后生成的面，使用 挤出 命令，参数：挤出高度为 –0.5 cm，如图 2.137 所示。

(7) 至此，标靶制作完成，如图 2.138 所示。

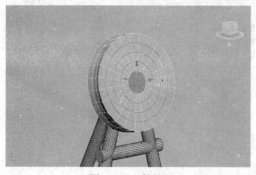

图 2.137　挤出　　　　　　　　　　　图 2.138　完成的效果

2.3.2 制作木桶

操作步骤如下：

(1) 点击 (图形)/ 星形 ，在上视图中创建一个星形二维线，参数设置如图 2.139 所示。

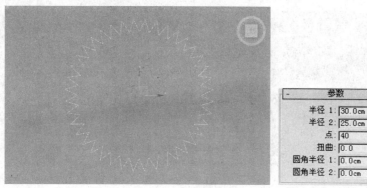

图 2.139 创建星形

(2) 图中外面的顶点是为了方便制作木桶的木片，里面的顶点则是为了方便制作木片之间的空隙。在修改器列表中给样条线添加"编辑样条线"修改器，选择内圈的顶点，在"几何体"卷展栏中点击"切角"命令，参数值为 1 cm，如图 2.140 所示。

图 2.140 切角

(3) 选择外圈的顶点，同样使用"切角"命令，参数设置为 4.5 cm，如图 2.141 所示。

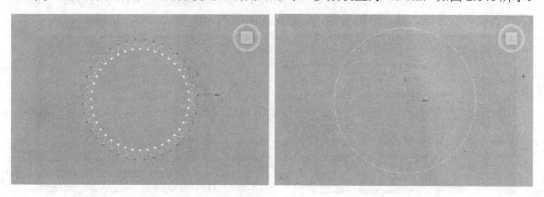

图 2.141 切角

(4) 至此，木桶的外围结构形状就制作完成了。为了编制网格，在前视图中按下【Shift】键，同时沿 Y 轴方向向上移动样条线进行复制，复制参数为 7，木桶的高和宽大体上就确定了，再点击"几何体"卷展栏下的 附加 命令，附加其它的样条线，如图 2.142 所示。

(5) 打开"样条线"层级，选择中间的两条样条线，使用 □(缩放)命令，放大样条线，确定木桶最宽点，如图 2.143 所示。

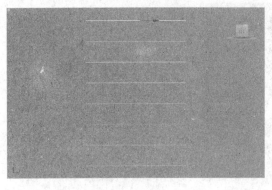   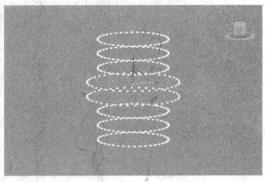

图 2.142 附加   图 2.143 缩放

(6) 选择最上端和最下端的样条线，同样使用 □(缩放)命令，缩小样条线，确定木桶最窄的点，如图 2.144 所示。

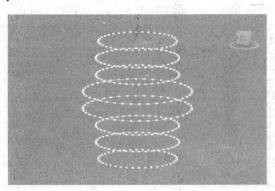

图 2.144 缩放

(7) 用同样的方法缩放其它样条线，调节木桶外形的结构。一定要上下同时选择对称的两条样条线，以保证木桶上下的对称，调整完的木桶的大体形状如图 2.145 所示。

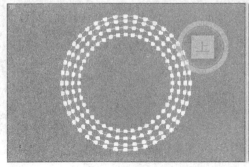   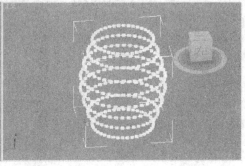

图 2.145 调整样条线

(8) 在上视图中点击 ∧(样条线)层级，选择木桶最上端和最下端的样条线。按下【Shift】键的同时使用 □(缩放)命令，复制缩小创建新的样条线作为木桶内壁，这样木桶就有了厚度，如图 2.146 所示。

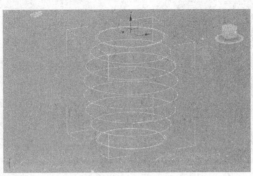

图 2.146 复制

(9) 在"几何体"卷展栏中点击 横截面 命令，在视图中编织木桶的网格，如图 2.147 所示。

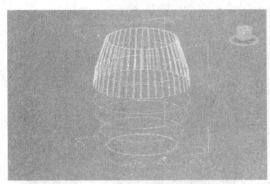 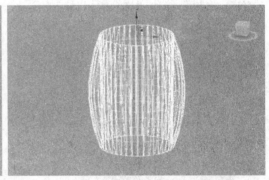

图 2.147 横截面

(10) 在修改器列表中给编织好的网格添加"曲面"修改器，生成模型并调整参数，改正法线等错误，最后得到的木桶外形如图 2.148 所示。

 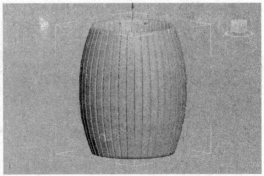

图 2.148 调整参数

(11) 在顶视图中创建圆柱体，打开 ◆(对齐)命令将创建的圆柱体对齐到圆桶中心，如图 2.149 所示。

(12) 点击 ⊕(移动)命令,将圆柱体移动到木桶上沿。在修改器列表中添加"编辑多边形"修改器,在 ■(多边形)层级上选择面,使用"倒角"命令进行倒角,如图 2.150 所示。

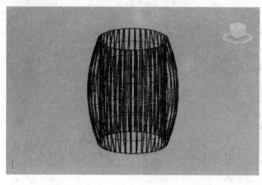
图 2.149 对齐

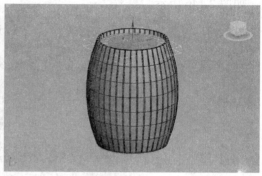
图 2.150 移动并倒角

(13) 再使用"挤出"命令,编辑模型,如图 2.151 所示。
(14) 在前视图中打开 ▶(镜像)命令,木桶盖子就制作完成了。
(15) 将模型移动到与木桶相对应的位置,木桶模型制作完成,如图 2.152 所示。

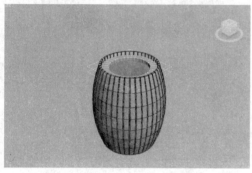
图 2.151 挤出

图 2.152 完成的效果

2.3.3 制作袖箭

操作步骤如下:
(1) 点击 长方体 ,在上视图中创建一个长方体底座,参数设置如图 2.153 所示。

图 2.153 创建长方体

(2) 在修改器列表中添加"编辑多边形"修改器。选择 ◁(边)层级，框选上下方向的边，点击"编辑边"卷展栏下的"连接"命令，分段数设为1，如图2.154所示。

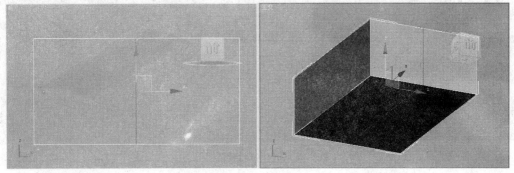

图 2.154 连接边

(3) 切换到前视图中选择"顶点"层级，框选"连接边"生成的点，右键点击 ✥ 打开"移动变换输入"对话框，在Y轴方向输入3，在连接的边沿Y轴方向移动3 cm，如图2.155所示。

图 2.155 移动

(4) 点击 ◁(边)层级，选择刚才移动顶点之间的边。在"编辑边"卷展栏下点击"切角"命令，对选择的边进行切角，切角尽量地均匀，如图2.156所示。

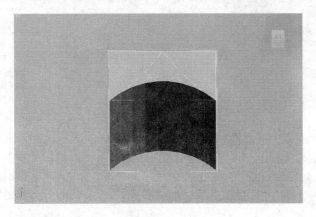

图 2.156 切角

(5) 对于选择"切角"命令而多出来的边，点击"编辑边"卷展栏下的 移除 按钮将其移除，得到的模型如图2.157所示。

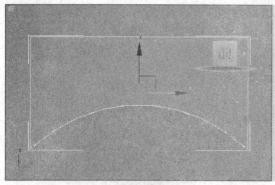 

图 2.157 移除

(6) 选择模型四角的边，同样使用"切角"命令使边所在的角圆滑些，如图 2.158 所示。

(7) 在修改器列表中给模型添加"FFD 2x2x2"修改器，切换到上视图中，点击修改器前的"+"打开"控制点"层级，移动控制点编辑模型，如图 2.159 所示。

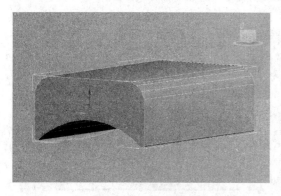

图 2.158 切角　　　　　　　图 2.159 FFD 修改

(8) 在前视图中建立圆柱体，参数如图 2.160 所示。

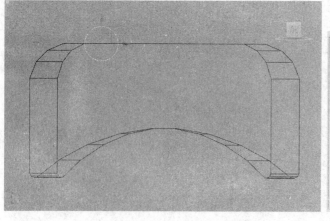 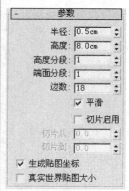

图 2.160 创建圆柱体

(9) 在修改器列表中给圆柱体添加"编辑多边形"修改器。选择 (顶点)层级，选择圆柱体上面的 4 个点，使用 移动命令将其移动到如图 2.161 所示的位置。

(10) 在左视图中选择圆柱体一端的所有点,点击 (旋转)命令,打开 (角度捕捉切换)按钮,旋转 45°,并打开 捕捉按钮,对齐最下面的点。在前视图中按下【Shift】键移动模型复制 3 个模型,依次摆放在底座上。在"编辑几何体"卷展栏中点击"附加"命令附加模型,如图 2.162 所示。

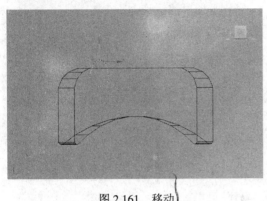
图 2.161 移动

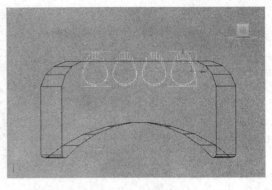
图 2.162 复制模型

(11) 选择模型底座,点击 (几何体)命令,在下拉菜单中选择 复合对象 ,在复合对象面板中点击 布尔 命令,在"拾取布尔"卷展栏中点击 拾取操作对象 B 命令,拾取制作的四个圆柱体,用布尔运算制作袖箭的箭道,如图 2.163 所示。

图 2.163 布尔

(12) 切换到前视图,点击 (图形),在"对象类型"面板中点击 螺旋线 命令,创建螺旋线,参数如图 2.164 所示。

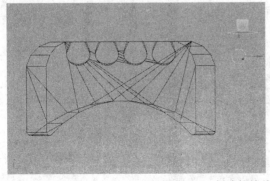
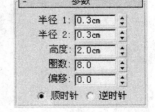
图 2.164 创建螺旋线

(13) 同样在"对象类型"面板中点击 圆 创建圆，参数半径为 0.1 cm。选择"螺旋线"点击复合对象面板下的 放样 按钮，再点击"创建方法"卷展栏下的 获取图形 ，将刚才创建的二维线圆进行拾取操作，这样使用"放样"命令制作袖箭的弹簧大体形状就出来了，如图 2.165 所示。

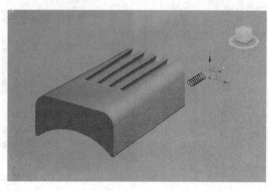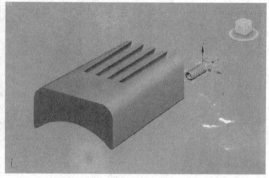

图 2.165　放样

(14) 放样出来的模型不一定非常合适，可以通过调整"蒙皮参数"卷展栏下的图形步数和路径步数参数大小来改变模型，还可以选择放样所用的圆，通过改变圆的半径改变模型弹簧的粗细，如图 2.166 所示。

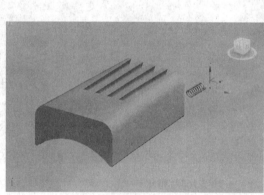

图 2.166　调整"蒙皮参数"

(15) 将制作完成的弹簧移动到袖箭的箭道中，并复制 3 个弹簧，使每个箭道中都有弹簧。修改完毕后可以删除使用过的样条线，如图 2.167 所示。

图 2.167　复制

(16) 在上视图创建参数：长度为 1 cm，宽度为 0.8 cm，高度为 0.8 cm 的长方体制作袖箭箭头。在修改器列表中给长方体添加"编辑多边形"修改器。打开 (角度捕捉切换)工具，将模型向右旋转 45°，如图 2.168 所示。

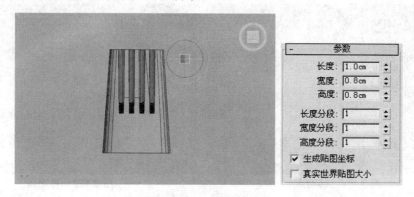

图 2.168 旋转

(17) 在"顶点"层级中框选一端的点，在"编辑顶点"卷展栏下点击 焊接 ，将焊接的参数调大，使模型一端的四个点焊接在一起，如图 2.169 所示。

图 2.169 焊接

(18) 切换到前视图，点击"编辑几何体"卷展栏下的 切割 命令对模型编辑，如图 2.170 所示。

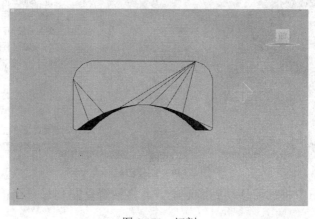

图 2.170 切割

(19) 在前视图中切割完成后在 [顶点] (顶点)层级中选择模型上下两端的点移动，调整模型的形状，如图 2.171 所示。在上视图中向上移动下端的顶点，调整模型的外形，于是箭头制作完成，如图 2.172 所示。

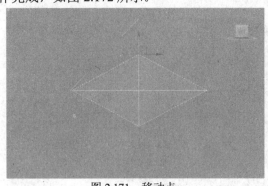

图 2.171 移动点　　　　　　　　　图 2.172 移动点

(20) 选择 [边] (边)层级，选择所有的边，点击"编辑边"卷展栏下的 [切角] 命令，对模型进行编辑，使模型的边光滑一些，如图 2.173 所示。

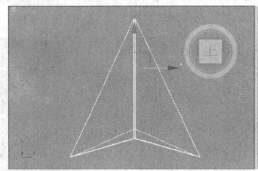

图 2.173 切角

(21) 在前视图中创建圆柱体，制作袖箭的箭杆，参数如图 2.174 所示，并将箭杆对齐到箭头的中心。

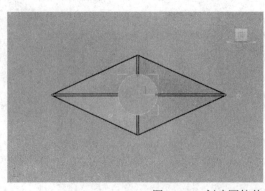

图 2.174 创建圆柱体

(22) 在上视图中将袖箭移动到箭道中，并将袖箭复制到每一个箭道中，如图 2.175 所示。

第 2 章　3ds Max 建模技术

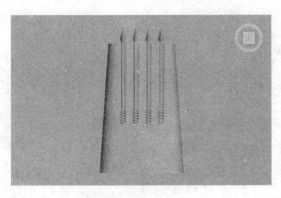

图 2.175　移动并复制

(23) 在前视图中创建长方体，制作扣带。在修改器列表中给长方体添加"编辑多边形"修改器。打开 (边)层级选择长方体下面上下方向的两条边，点击"编辑边"卷展栏下的 连接 命令生成连接线，点击"编辑边"卷展栏下的 切角 命令编辑模型，如图 2.176 所示。

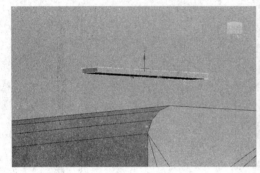 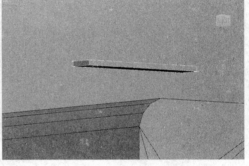

图 2.176　选择边连接、切角

(24) 选择 (多边形)层级，选择面，点击"编辑多边形"卷展栏下的 挤出 命令编辑模型，如图 2.177 所示。

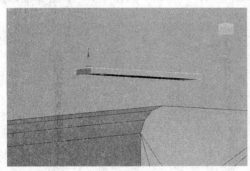 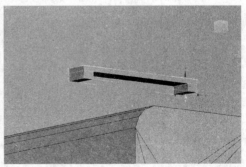

图 2.177　挤出

(25) 打开"边"层级选择多余的边，点击"编辑边"卷展栏下的"移除"命令移除不需要的边，切换到"顶点"层级选择没用的点，点击"编辑顶点"卷展栏下的移除命令将没有用的点移除。打开捕捉开关，切换到前视图，使用捕捉工具将模型移动到袖箭的底座上，如图 2.178 所示。

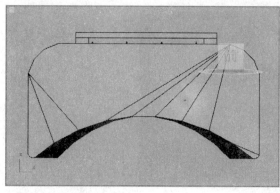 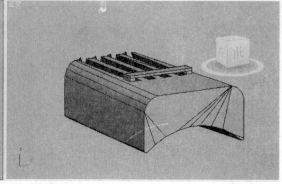

图 2.178 移动并使用"捕捉"

（26）选择 ◁（边）层级，选择所有的边，点击"编辑边"卷展栏下的"切角"命令，对模型进行切角编辑，使模型的边看起来平滑，如图 2.179 所示。

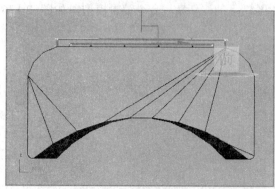 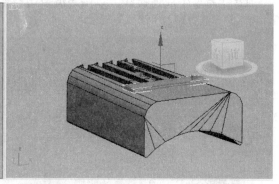

图 2.179 切角

（27）按下【Shift】键的同时移动复制模型，制作扣带，并将其修改成如图 2.180 所示的形状。

（28）选择 （图形）/ 线 在上视图中创建样条线，制作袖刃，如图 2.181 所示。

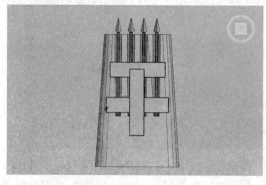 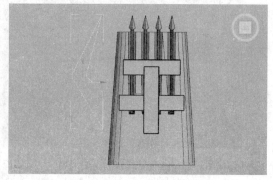

图 2.180 复制　　　　　　　　　　图 2.181 创建样条线

（29）给样条线添加"编辑多边形"修改器，点击 （边界）层级，选择边界按下【Shift】键移动边界生成面，如图 2.182 所示。

（30）选择"编辑边界"卷展栏中的 封口 命令进行封口，如图 2.183 所示。

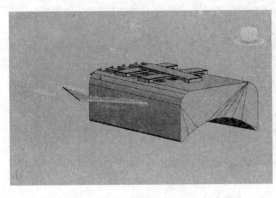

图 2.182 面生成体

图 2.183 封口

(31) 选择"顶点"层级，框选中间的一排点，点击"编辑顶点"卷展栏下的"连接"命令对其进行连接，如图 2.184 所示。点击"编辑几何体"卷展栏下的"快速切片"命令对模型进行切片，如图 2.185 所示。

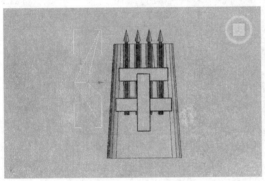

图 2.184 连接

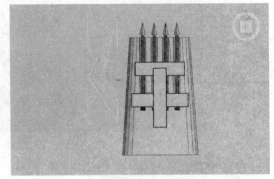

图 2.185 快速切片

(32) 选择边层级，选择不用的边，点击"编辑边"卷展栏下的"移除"命令移除不用的边。切换到点层级，选择不用的点，点击"编辑顶点"卷展栏下的"移除"命令移除不用的点，得到的模型如图 2.186 所示。

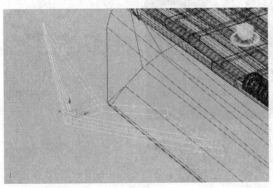

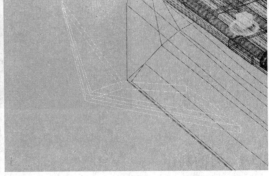

图 2.186 移除

(33) 点击"编辑顶点"卷展栏下的"焊接"命令将图中的点焊接到一起，如图 2.187 所示。

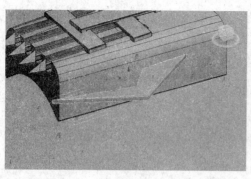
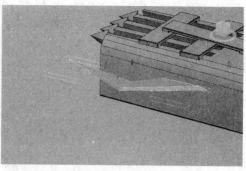

图 2.187　焊接

(34) 打开 (镜像)工具，镜像复制模型，移动模型到对应的位置，如图 2.188 所示。

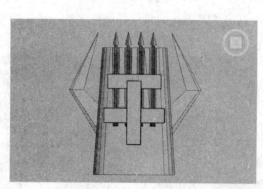

图 2.188　镜像

(35) 袖箭制作完成，如图 2.189 所示。

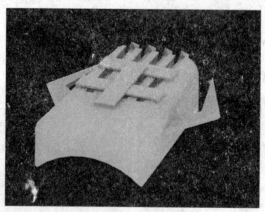

图 2.189　完成的效果

2.3.4　刀的制作

操作步骤如下：

(1) 选择 (几何体)/ 长方体 在上视图中建立长方体。参数设置：长度为 2 cm，宽度为 25 cm，高度为 3 cm，如图 2.190 所示。

图 2.190　创建长方体

(2) 在修改器列表中给模型添加"编辑多边形"修改器。选择 ◁(边)层级，选择图 2.191(a)所示的边，点击"编辑边"卷展栏下的 切角 命令编辑模型，如图 2.191(b)图所示。

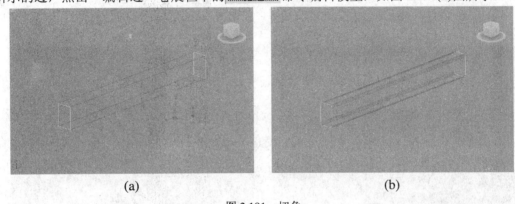

(a)　　　　　　　　　　　　　　　　(b)

图 2.191　切角

(3) 选择 (图形)/ 线 ，切换到左视图，打开 捕捉开关，捕捉模型侧面顶点绘制样条线，如图 2.192(a)所示。选择上方一侧的顶点，右键点击 打开"移动变换输入"对话框，在 Y 轴填写 0.2 cm；选择下方一侧的顶点在 Y 轴填写−0.2 cm；选择右方一侧的顶点在 X 轴填写 0.2 cm；选择左方一侧的点在 X 轴填写 −0.2 cm。调整完后如图 2.192(b)所示。

(a)　　　　　　　　　　　　　　　　(b)

图 2.192　创建线

(4) 给样条线添加"编辑多边形"修改器，选择 ■(多边形)层级选择面，点击"编辑多边形"卷展栏下的 挤出 命令挤出模型，参数为 1 cm，如图 2.193 所示。

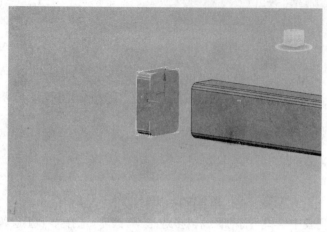

图 2.193 挤出

(5) 选择 (边界)层级，选择模型的边界，并使用"封口"命令将模型封口，如图 2.194 所示。

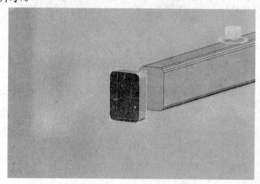 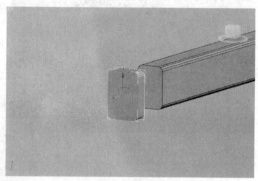

图 2.194 封口

(6) 在前视图中选择 (顶点)层级，选择下端点移动，如图 2.195 所示。关闭"顶点"层级选择模型，按下【Shift】键的同时移动模型进行复制，并且通过以上命令拼接模型，如图 2.196 所示。

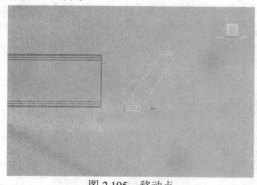 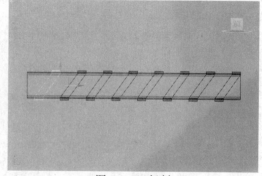

图 2.195 移动点　　　　　　　　　　图 2.196 复制

(7) 选择 (多边形)层级，选择刀把模型一端的面对模型进行编辑。点击"编辑多边形"卷展栏下的"倒角"命令，参数设置：高度为 0 cm，轮廓量为 2 cm。点击"挤出"命令，参数为 0.5 cm。切换到 (顶点)层级通过"移动"命令编辑模型，如图 2.197 所示。

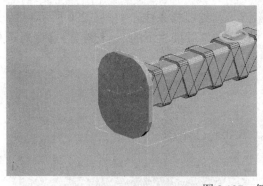 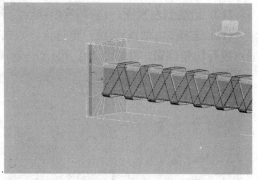

图 2.197　倒角、移动点

(8) 选择 ◎(图形)/　线　绘制刀片形状的样条线，可以在刀片的挤出上创建一些刀片上的漏槽，如图 2.198 所示。

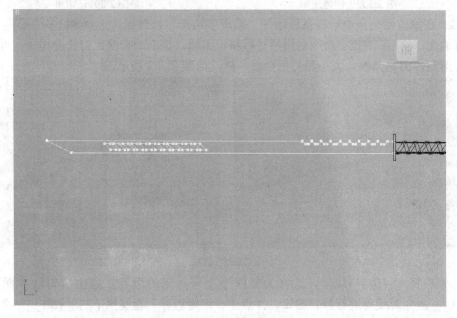

图 2.198　创建线

(9) 在修改器列表中给样条线添加"倒角"修改器，调整倒角的参数做出刀片的刀刃，参数设置如图 2.199 所示。

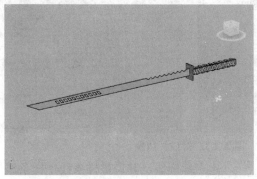 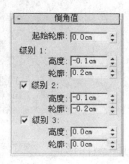

图 2.199　倒角

(10) 切换到左视图，选择 (图形)/ 矩形 绘制样条线，如图 2.200 所示。

(11) 选择 (顶点)层级，框选点，点击"几何体"卷展栏下的 切角 命令对选择的点进行切角编辑，如图 2.201 所示。

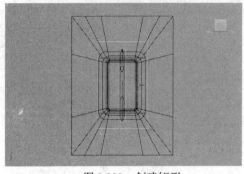
图 2.200　创建矩形

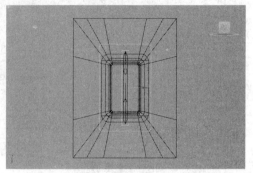
图 2.201　切角

(12) 在修改器列表中给样条线添加"编辑多边形"修改器，选择 (多边形)层级，选择所有的面，使用 挤出 命令对模型进行挤出编辑，挤出的长度比刀长度稍短。再创建一个长方形制作刀鞘挡板，大小和刀把挡板一样，如图 2.202 所示。

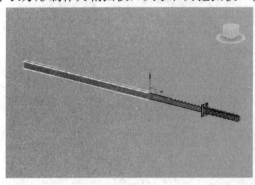
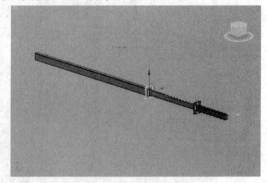
图 2.202　挤出

(13) 选择 (边界)层级，选择刀鞘模型上未封闭的边界，点击编辑边界面板下的 封口 命令对模型进行封口编辑，并点击"编辑边界"卷展栏下的 切角 命令对模型进行切角编辑，参数设置：切角量为 0.5 cm，分段为 4，如图 2.203 所示。

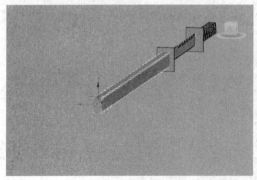

图 2.203　封口、切角

(14) 选择 (图形)/ 螺旋线 ，建立螺旋线，并调整样条线使样条线围绕着制作好的刀鞘模型，如图 2.204 所示。

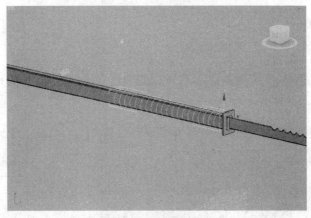

图 2.204 创建螺旋线

(15) 再创建一个样条线圆。选择螺旋线,点击 ◎ (几何体)/复合对象 ▼,点击对象类型下的 放样 命令,然后点击"创建方法"卷展栏下的 获取图形 命令,获取样条线圆,并调整样条线圆使放样的模型如图 2.205(b)所示。

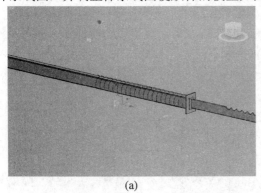
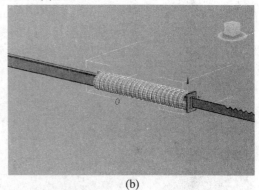

(a)　　　　　　　　　　　　　　(b)

图 2.205 放样

(16) 调整模型位置,模型刀就完成了,如图 2.206 所示。

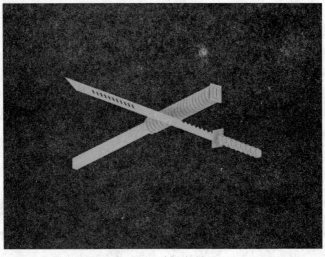

图 2.206 完成的效果

2.3.5 制作仙人球

操作步骤如下：

(1) 选择 ◯(几何体)/［球体］，在上视图中建立模型球体，参数设置：半径为 10 cm，分段为 36，如图 2.207 所示。

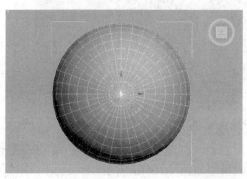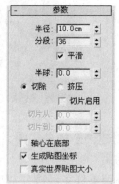

图 2.207 创建球体

(2) 在修改器列表中给模型添加"FFD(长方体)"修改器，编辑模型的外形。选择"控制点"层级移动点，改变模型外形，如图 2.208 所示。

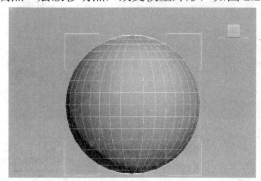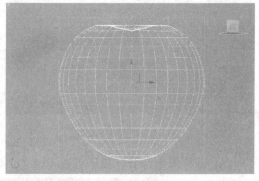

图 2.208 FFD 修改

(3) 将模型转换为"可编辑多边形"，选择 ⋮(顶点)层级，点选模型上下中心的顶点，按下【Delete】键删除。然后选择 ◯(边界)层级，选择删除点后遗留下来的边界，点击"编辑边界"卷展栏下的［封口］命令对模型进行封口，如图 2.209 所示。

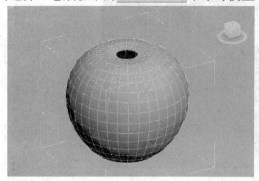

图 2.209 封口

(4) 选择 ◁(边)层级，每隔一行选模型上的边，选择完后点击选择面板下的 循环 命令，选择循环边，如图 2.210 所示。

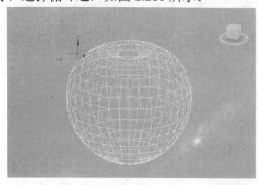 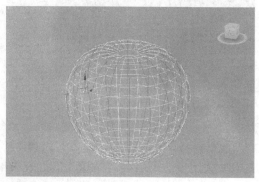

图 2.210 循环选择边

(5) 在上视图中使用 □(缩放)命令，对选择的边进行缩放，如图 2.211 所示。

图 2.211 缩放

(6) 切换到上视图，选择 ⋯(顶点)层级，框选突出来的线上面的点，然后点击"编辑顶点"卷展栏下的 切角 命令对模型进行切角编辑，如图 2.212 所示。

图 2.212 切角

(7) 切换到 ■(多边形)层级，选择使用"切角"命令后出现的面。使用"编辑多边形"卷展栏下的 倒角 命令对选择的面进行倒角编辑，如图 2.213 所示。

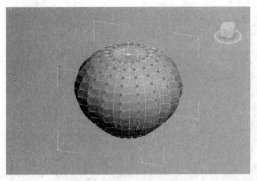 

图 2.213 倒角

(8) 关闭多边形层级。在修改器列表中给模型添加"网格平滑"修改器,如图 2.214 所示。

图 2.214 添加修改器

(9) 选择 ○(几何体)/ 圆锥体 ,建立圆锥体,参数设置如图 2.215 所示。

 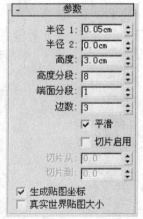

图 2.215 创建圆锥体

(10) 在修改器列表中添加"弯曲"修改器,调整参数面板参数,改变模型外形,制作仙人球刺,如图 2.216 所示。

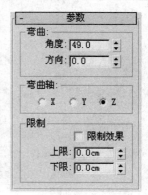

图 2.216 弯曲

(11) 通过使用"移动"、"旋转"、"缩放"命令制作刺并摆放到模型凹进去的地方,如图 2.217 所示。

图 2.217 移动、旋转、缩放

(12) 切换到上视图中创建一个圆,参数设置:半径为 5 cm。给样条线圆添加"编辑多边形"修改器,如图 2.218 所示。

图 2.218 创建样条线"圆"

(13) 选择 ■(多边形)层级,选择面,点击"编辑多边形"卷展栏下的 倒角 命令,参数设置:高度为 18 cm,轮廓量为 4 cm。继续使用"倒角"命令,参数设置:高度为 0 cm,轮廓量为 −1 cm,如图 2.219 所示。

图 2.219　倒角

(14) 点击"编辑多边形"卷展栏下的"挤出"命令挤出高度为 -2 cm，如图 2.220 所示。

图 2.220　挤出

(15) 仙人球制作完成，如图 2.221 所示。

图 2.221　完成的效果

2.3.6 制作望远镜

操作步骤如下：

(1) 选择 ◯ (几何体)/ 圆柱体 ，在上视图中创建圆柱体，参数设置如图 2.222 所示。

图 2.222　创建圆柱体

(2) 在修改器列表中给圆柱体添加"编辑多边形"修改器。打开 ◁ (边)层级，选择模型上所要编辑的边，使用"编辑边"卷展栏下的"连接"命令编辑模型，并使用"移动"命令移动连接出来的边，如图 2.223 右图所示。

图 2.223　连接

(3) 切换到 ■ (多边形)层级，选择图 2.224(a)中的面，使用"挤出"和"倒角"命令编辑模型，调整完成后的模型如图 2.224(b)所示。

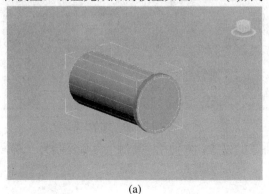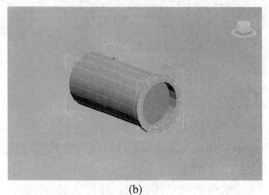

(a)　　　　　　　　　　　　　　　　　(b)

图 2.224　挤出、倒角

(4) 使用同样的方法制作其它几节，如图 2.225 所示。

图 2.225 挤出、倒角

(5) 选择 (边)层级，选择所要编辑的边，使用"切角"命令编辑模型，使模型边角平滑，如图 2.226 所示。

 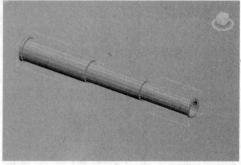

图 2.226 切角

(6) 切换到前视图中选择多边形层级，点击"对象类型"面板下的 球体 ，建立球体，并使用"对齐"命令对齐到望远镜的中心，如图 2.227 所示。

(7) 调整球体直径大小，并在上视图中使用 命令，缩放球体制作镜片，如图 2.228 所示。

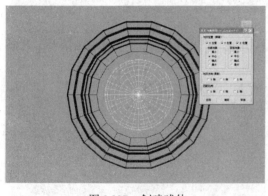

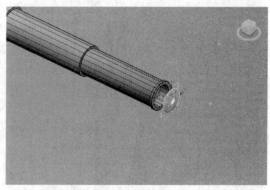

图 2.227 创建球体　　　　　　图 2.228 缩放

(8) 使用"移动"工具将镜片放到望远镜所在的位置，并使用"复制"命令复制另一端，如图 2.229 所示。

(9) 望远镜制作完成，如图 2.230 所示。

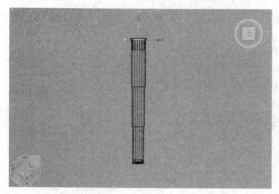

图 2.229 复制

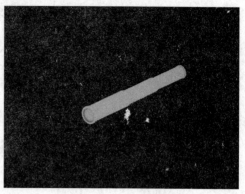

图 2.230 完成的效果

2.3.7 制作手剑

操作步骤如下：

(1) 设定好单位后开始制作模型，在标准基本体中点击圆环，在场景中建立一个圆环，如图 2.231 所示。

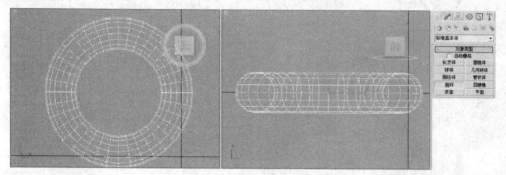

图 2.231 圆环

(2) 参数设置：半径 1 为 3 cm，半径 2 为 0.8 cm，分段为 36，边数为 16，如图 2.232 所示。

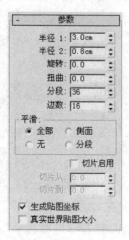

图 2.232 参数设定

(3) 点击 按钮，在修改器列表中选择"编辑多边形"修改器，如图 2.233 所示。

图 2.233 添加修改器

(4) 选择 ，在场景中选出所需的面，如图 2.234 所示。

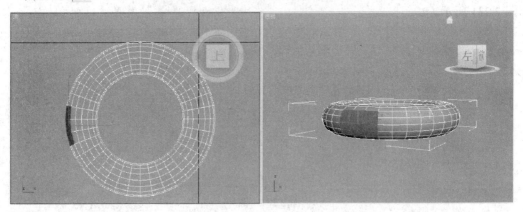

图 2.234 选出所需的面

(5) 使用"挤出"命令，挤出高度为 15 cm，如图 2.235 所示。

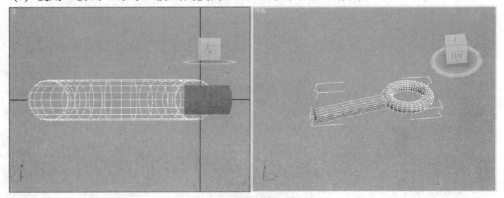

图 2.235 挤出高度

(6) 在上视图选择 (顶点)层级，打开三维捕捉 ，将挤出来的面上的点对齐，如图 2.236 所示。

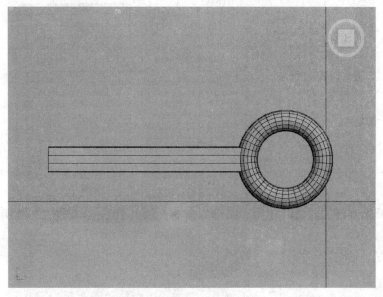

图 2.236　点对齐

(7) 选择 (边)层级，把挤出面上的线移除，如图 2.237 所示。

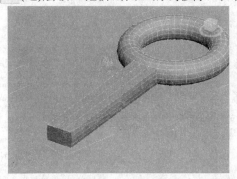 

图 2.237　线移除

(8) 选择模型中间的两条线，使用"连接"命令将其连接起来，如图 2.238 所示。

图 2.238　连接

(9) 把"连接"命令所生成的线移除，我们只需要连接生成线上的点。

(10) 在 (顶点)层级里使用"切割"工具进行切割，按照每条轮廓边的中心点进行"切割"，切割出四边形，在四边形中按四个顶点切割出十字交叉，如图 2.239 所示。

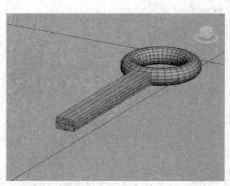

图 2.239 切割

(11) 选择切割好的四边,使用"挤出"命令,挤出 10 cm,如图 2.240 所示。

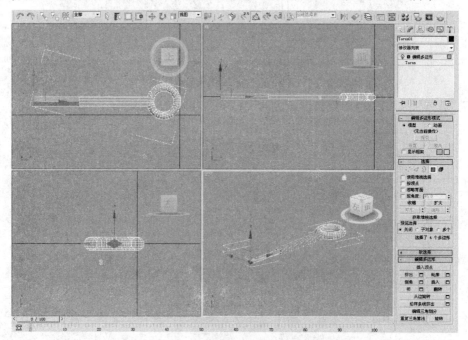

图 2.240 挤出

(12) 选择 (顶点)层级,移动四边形的 5 个顶点,在左视图中选择左边的顶点,右键点击 出现"移动变换输入"对话框,在"偏移:世界"项目组中的"Y:"输入 6,向 Y 轴移动 6 cm,如图 2.241 所示。

图 2.241 移动变换输入

(13) 利用同样方法,在左视图中选择右边的顶点,在 Y 轴移动 –6 cm,选择上面的顶点在 Z 轴移动 3 cm,选择下面的顶点在 Z 轴移动 –3 cm,在上视图中选择中间的点,在 X 轴移动 –25 cm,手剑模型完成后的效果如图 2.242 所示。

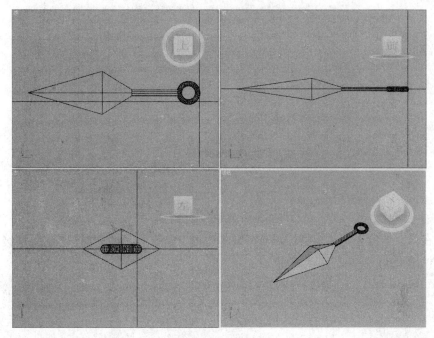

图 2.242 完成的效果

2.4 应用案例——角色

2.4.1 角色制作

操作步骤如下:

(1) 制作角色时可先不考虑尺寸问题,先把握整体比例,最后缩放出需要的尺寸。在视图中建立"长方体",如图 2.243 所示。

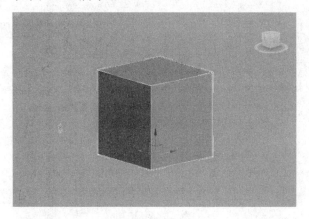

图 2.243 创建长方体

(2) 在修改器列表中给模型添加"网格平滑"修改器。模型会自动生成角色头部的大体形状,如图 2.244 所示。

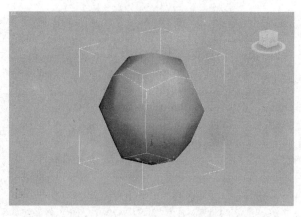

图 2.244 添加"网格平滑"

（3）在修改器列表中给模型添加"编辑多边形"修改器，选择 ■(多边形)层级，在前视图中选择一半的面删除，如图 2.245 所示。

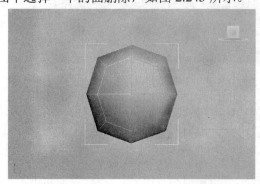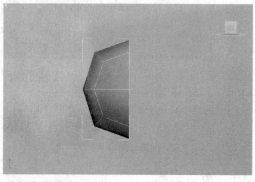

图 2.245 添加"编辑多边形"

（4）点击 (镜像)工具，镜像模型，在参数面板上调节参数，在"克隆当前选择"中勾选"实例"模式镜像模型，"实例"模式在调节左面模型的同时右面模型也会随之变化，制作角色时只要制作一半就可以了，这样既能节省时间，又能保证左右对称，如图 2.246 所示。

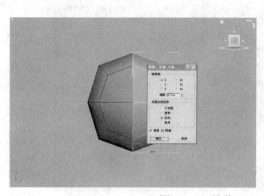

图 2.246 镜像

（5）选择 ■(多边形)层级，在左视图中选择要编辑的面，点击"编辑多边形"卷展栏下的 挤出 命令，制作脖子，如图 2.247 所示。

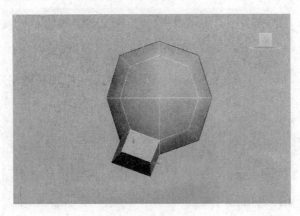

图 2.247 挤出脖子

(6) 选择 (顶点)层级，调节点，编辑出角色脖子的大体形状，如图 2.248 所示。

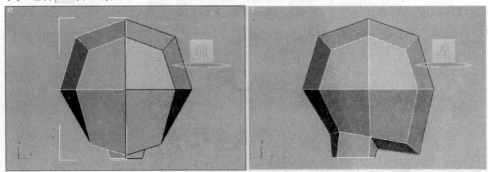

图 2.248 调整点

(7) 在"顶点"层级上点击"编辑几何体"卷展栏下的"切割"命令，对模型进行切割。在建模初期不必过于考虑模型的布线，可以先把模型的大体形状绘制出来，这个和画素描的道理一样，先制作一个大概的样子，然后慢慢在大体形状的基础上添加细节，如图 2.249 所示。

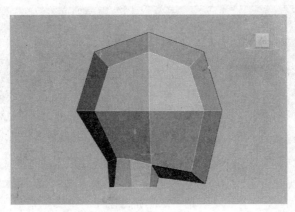

图 2.249 切割

(8) 选择 ■(多边形)层级，选择脖子下方的面，点击"编辑多边形"卷展栏下的"挤出"命令，挤出上身的长度，如图 2.250 所示。

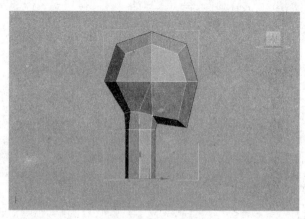

图 2.250 挤出上身

(9) 选择"线",给模型的边添加段数。使用"切割"命令调整模型结构,移动顶点调整模型结构框架,制作出上身的大体结构,如图 2.251 所示。

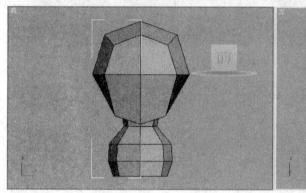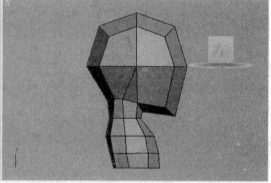

图 2.251 添加段数、切割、调整点

(10) 制作下身。选择下面的面使用"挤出"命令挤出臀部,选择"边"层级,选择边,给边添加段数,并调整点调整出大体形状,如图 2.252 所示。

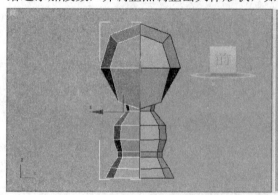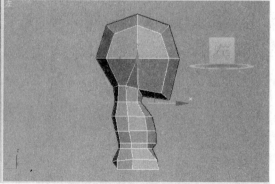

图 2.252 挤出臀部

(11) 选择下面的面继续使用"挤出"命令挤出大腿,选择"边"层级,点击"编辑边"卷展栏下的"连接"命令编辑模型添加段数,并编辑点调整出大体形状,如图 2.253 所示。

图 2.253 挤出大腿

(12) 选择下面的面继续使用"挤出"命令挤出小腿，选择"边"层级，点击"编辑边"卷展栏下的"连接"命令编辑模型添加段数，并编辑点调整出大体形状，图 2.254 所示。

图 2.254 挤出小腿

(13) 继续选择面，使用"挤出"命令挤出脚腕，如图 2.255 所示。

图 2.255 挤出脚腕

(14) 继续选择面使用"挤出"命令挤出脚，选择"边"层级，点击"编辑边"卷展栏下的"连接"命令，添加段数并编辑点，调整模型大体形状，如图 2.256 所示。

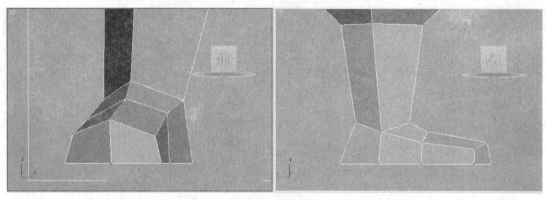

图 2.256 挤出脚

(15) 选择 (顶点)层级，点击"编辑几何体"卷展栏下的"切割"命令，在肩膀的位置切割出手臂的轮廓，如图 2.257 所示。

(16) 切换到 (多边形)层级，选择切割胳膊后出来的面，使用"挤出"命令，挤出肩膀，调整肩膀的大体形状，如图 2.258 所示。

图 2.257 切割

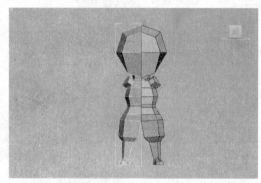

图 2.258 挤出肩膀

(17) 在 (顶点)层级上，使用 切割 命令对模型进行编辑，选择"切割出边中间的点"并将其删除。选择 (边界)层级，点击"编辑边界"卷展栏下的 封口 命令对边界封口编辑，并编辑点调整肩膀大体形状，如图 2.259 所示。

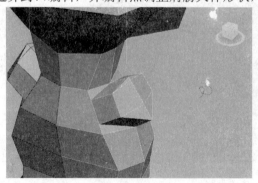

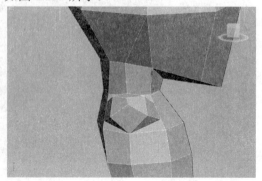

图 2.259 调整点、封口

(18) 选择 (多边形)层级，使用 挤出 命令挤出前臂，并在 (边)层级下使用"连接"命令增加段数，调整胳膊大体形状，如图 2.260 所示。

图 2.260　挤出前臂

(19) 选择面继续使用"挤出"命令挤出小臂，如图 2.261 所示。

图 2.261　挤出小臂

(20) 选择 (边)层级，选择模型上的边点击"编辑边"卷展栏下的"连接"命令连接边，如图 2.262 所示。

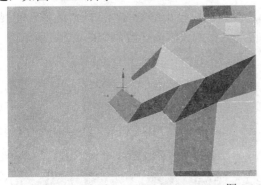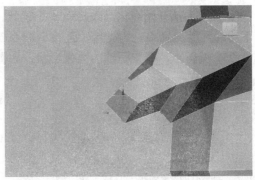

图 2.262　连接

(21) 选择 (多边形)层级，选择面使用"挤出"命令挤出手，并在 (边)层级选择边给挤出的部分添加段数，编辑点，调整手的大体形状，如图 2.263 所示。

(22) 选择 (多边形)层级，选择面使用"挤出"命令挤出大拇指，并调整模型大体形状，如图 2.264 所示。

图 2.263　挤出手

图 2.264　挤出拇指

(23) 这样模型的整体形状就制作完成了，如图 2.265 所示。下面是模型的局部细化。

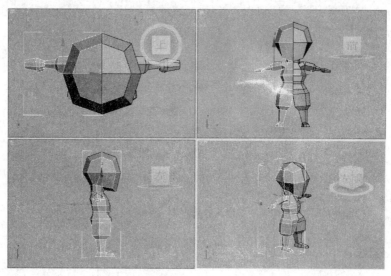
图 2.265　细化

(24) 从头部开始细化。选择 (边)层级，选择角色模型头部的边，点击"选择"卷展栏下的 环形 命令，再使用"连接"命令连接边，参数设置为 3 段，如图 2.266 所示。

(25) 编辑点，调整面部的大体形状，如图 2.267 所示。

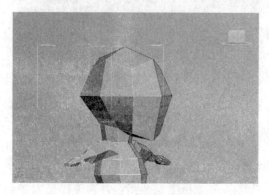
图 2.266　连接

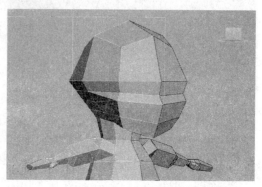
图 2.267　调整点

(26) 同样，使用"连接"命令，参数为 3，对选择的边进行编辑，如图 2.268(a)所示。在眼部的位置使用"切割"命令切割出眼睛的轮廓，如图 2.268(b)所示。

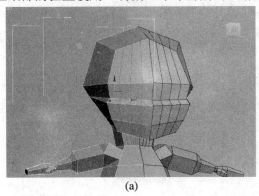
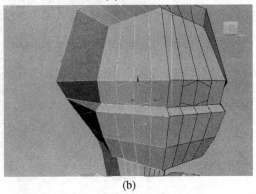

(a)   (b)

图 2.268 连接、切割

(27) 选择■(多边形)层级，选择切割出来的面，点击"编辑多边形"卷展栏下的"倒角"命令，编辑出眼眶，如图 2.269 所示。

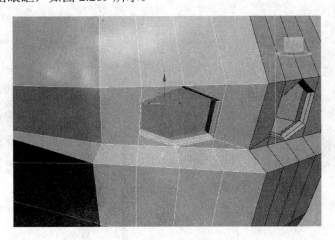

图 2.269 倒角眼眶

(28) 选择◁(边)层级，使用"切角"命令对选择的线进行编辑制作出眼角。切换到■(多边形)层级，选择里面的面，使用"倒角"命令继续制作眼角，如图 2.270 所示。

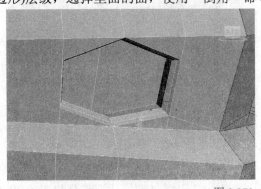
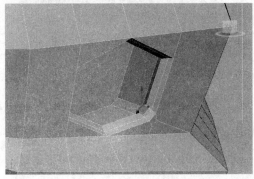

图 2.270 倒角眼角

(29) 在面部使用"切割"命令切割出鼻子，如图 2.271 所示。

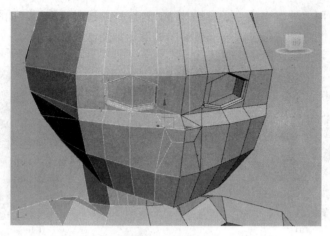

图 2.271 切割

(30) 选择 ■(多边形)层级,并选择鼻子所在的面,使用"倒角"命令挤出鼻子,并调整出鼻子的形状。同样,使用"倒角"命令挤出鼻孔,如图 2.272 所示。

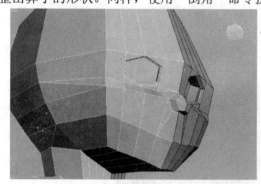 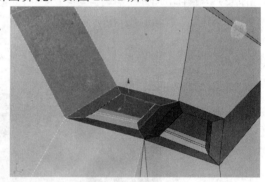

图 2.272 挤出鼻子

(31) 继续给模型头部添加边并调整头部外形。使用"切割"命令,切割出嘴巴,并调整点编辑嘴巴的轮廓,如图 2.273 所示。

(32) 选择嘴上的面,使用"倒角"命令编辑嘴巴,调整嘴巴轮廓,如图 2.274 所示。

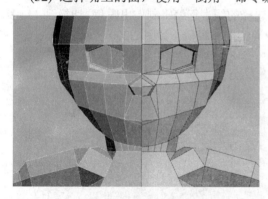 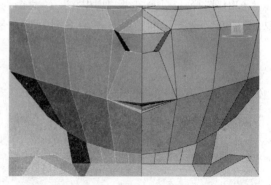

图 2.273 切割　　　　　　　　　　图 2.274 倒角嘴巴

(33) 选择"边"层级,选择"倒角"编辑出来的边,点击"编辑边"卷展栏下的"切角"命令编辑模型,继续调整嘴巴轮廓,如图 2.275 所示。

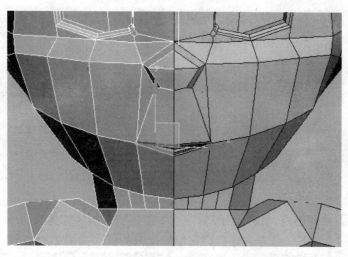

图 2.275 调整

(34) 选择"边"层级。在耳朵的位置选择边,使用"切角"命令编辑模型,并切换到"顶点"层级,使用"编辑几何体"卷展栏下的"切割"命令对模型进行切割,如图 2.276 所示。

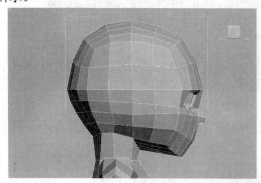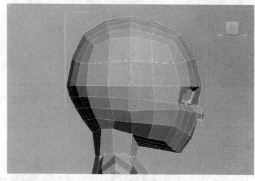

图 2.276 切割

(35) 选择"多边形"层级,选择切割出的面使用"挤出"命令,挤出耳朵。切换到点层级调整点,调整出耳背的形态,如图 2.277 所示。

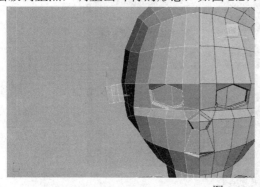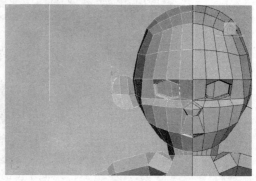

图 2.277 挤出耳朵

(36) 继续使用"切割"命令,沿着耳朵切割出新的面。选择面,使用"倒角"命令,编辑模型,使耳朵轮廓更清晰,如图 2.278 所示。

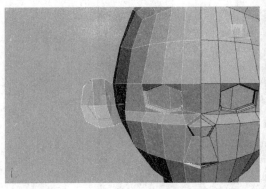 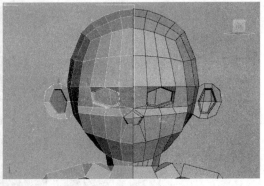

图 2.278　倒角

(37) 选择耳根中间的点,使用"编辑顶点"卷展栏下的"切角"命令,再使用"编辑几何体"面板下的"切割"命令,连接切角编辑出来的点,如图 2.279 所示。

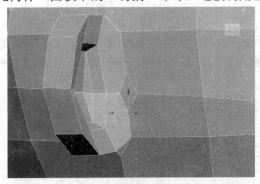 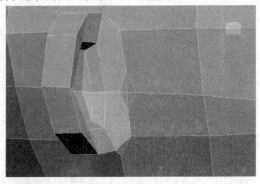

图 2.279　切割

(38) 选择 ■(多边形)层级,选择面,使用"倒角"命令编辑模型,并调整点,编辑出耳根的突起,如图 2.280 所示。

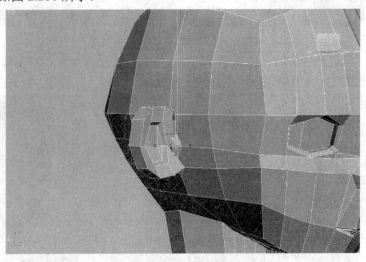

图 2.280　倒角耳根

(39) 使用"切割"命令,在胳膊上切割出所需的段数,并调节点,调整出胳膊形状,如图 2.281 所示。

 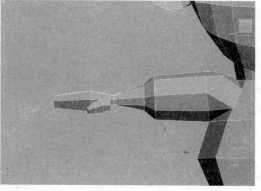

图 2.281 切割

(40) 选择"顶点"层级，选取手顶点上的点使用"连接"命令，连接上下的点，并调整手的形状，如图 2.282 所示。

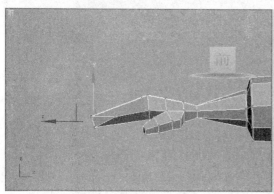 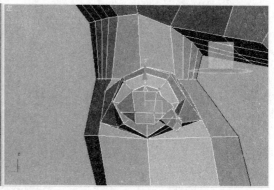

图 2.282 连接

(41) 选择"边"层级，选择线，点击"编辑边"卷展栏下的"切角"命令编辑模型，并调整腿部的点，如图 2.283 所示。

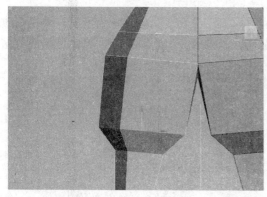 

图 2.283 切角

(42) 删除之前关联复制的另一半模型，重新使用"镜像"命令复制另一半模型，这次勾选"复制"模式进行复制。使用"附加"命令附加另一半模型，选中角色中心的点，点击"编辑顶点"面板下的"焊接"命令，焊接中间的点，如图 2.284 所示。

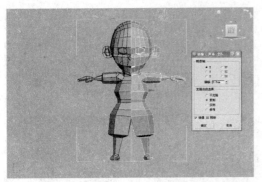

图 2.284　焊接

(43) 在修改器列表中给模型添加"网格平滑"修改器，如图 2.285 所示。

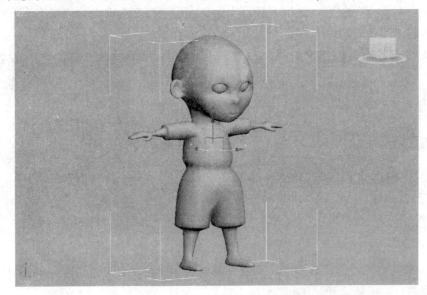

图 2.285　添加"网格平滑"修改器

(44) 接下来制作角色的头发。点击 ◎ (几何体)/ 平面 创建一个平面，并在修改器列表中给建立的面片添加"编辑多边形"修改器。选择 ∴ (顶点)层级，移动点，调节这一片刘海的大体形状，如图 2.286 所示。

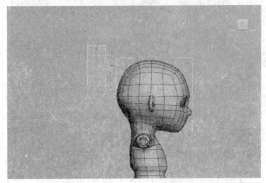
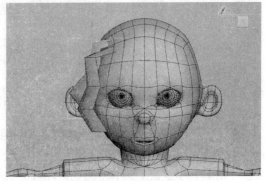

图 2.286　创建平面

(45) 复制刚制作的头发，使用同样的方法，制作右面的刘海，如图 2.287 所示。

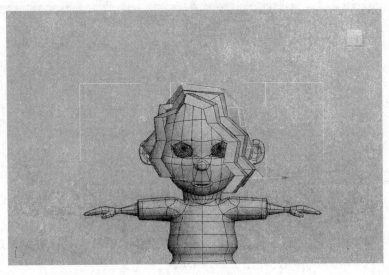

图 2.287 复制

(46) 建立圆柱体,在修改器列表中给模型添加"编辑多边形"修改器,删除圆柱两端的面,并使用制作刘海的方法制作辫子,如图 2.288 所示。

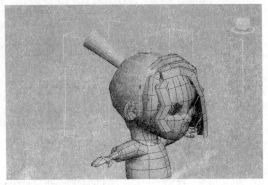

图 2.288 创建圆柱体

(47) 使用同样的方法制作鬓角和眉毛,如图 2.289 所示。

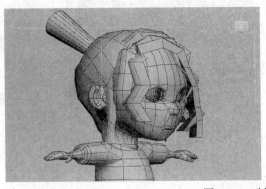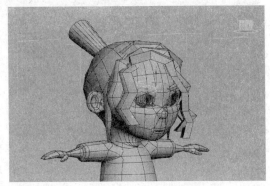

图 2.289 制作鬓角和眉毛

(48) 制作腰绳,切换到上视图,在腰的位置绘制一条样条线,调整样条线的点使样条线贴近模型,如图 2.290 所示。

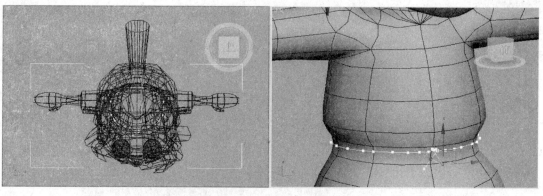

图 2.290　创建样条线

(49) 建立圆形样条线。选择复合对象面板下的 放样 命令，选取样条线，点击"创建方法"卷展栏下的 获取图形 拾取圆形样条线，放样建模，并调整放样参数，再在腰带前制作一个腰带的系结，如图 2.291 所示。

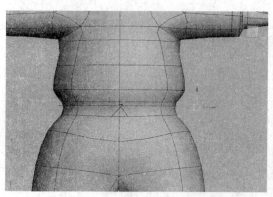
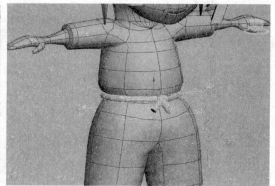

图 2.291　放样

(50) 在脚底的位置建立长方形制作鞋子，给长方形添加"编辑多边形"修改器。选择"边层级"，选择"长方形四边"，切换"边"层级，点击"切角"命令，对选择的边进行编辑，如图 2.292 所示。

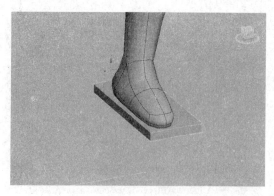
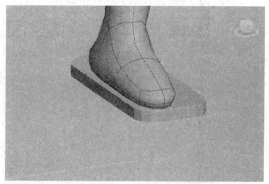

图 2.292　创建长方体

(51) 给模型添加段数，调整点，制作鞋底，然后选择鞋底上的边，使用"切角"命令让鞋底圆滑一些，如图 2.293 所示。

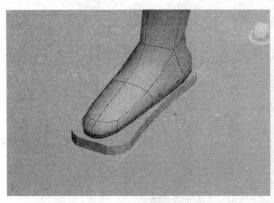
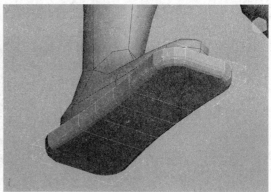

图 2.293 切角

(52) 独立显示鞋底,选择边,使用"连接"命令编辑模型。选择连接出来的边使用"切角"命令编辑模型,如图 2.294 所示。

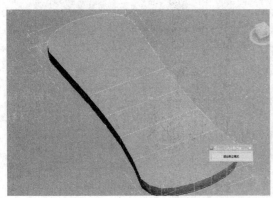
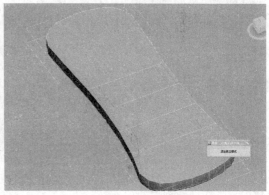

图 2.294 连接、切角

(53) 切换到"多边形"层级,选择面,使用"挤出"命令编辑模型,删除多余的面,并使用"焊接"命令焊接面,如图 2.295 所示。

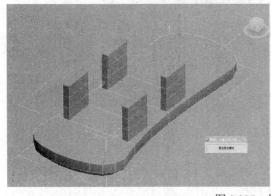
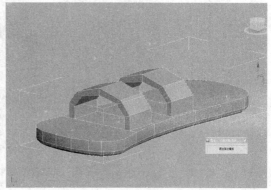

图 2.295 挤出、焊接

(54) 使用"移动"、"旋转"命令将以上的面摆放到模型人物脚的位置上,如图 2.296 所示。

图 2.296 移动、旋转

(55) 在上视图中创建圆柱体,给圆柱体添加"编辑多边形"修改器,如图 2.297 所示。

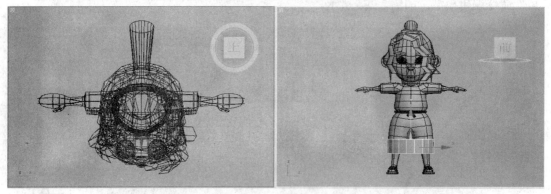

图 2.297 创建圆柱体

(56) 选择多边形层级,框选不需要的面并将其删除,只留下最上面的面,如图 2.298 所示。

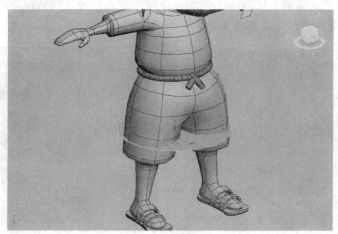

图 2.298 删除面

(57) 点击"编辑多边形"卷展栏下的"倒角"命令对面进行编辑,选中不需要的面进行删除,如图 2.299 所示。

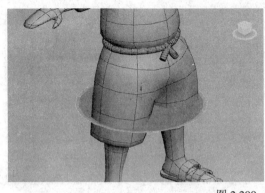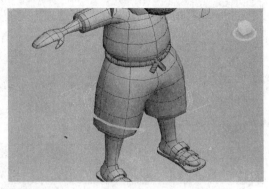

图 2.299 倒角、删除

(58) 选择剩余的面,使用"挤出"命令按照人物的比例对模型进行编辑,如图 2.300 所示。

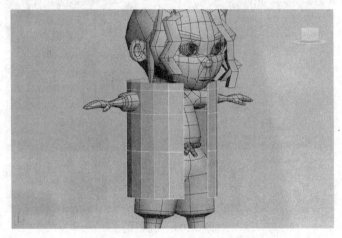

图 2.300 挤出

(59) 选择"顶点"层级,选择点,使用"缩放"命令对所选择的点进行缩放,如图 2.301 所示。

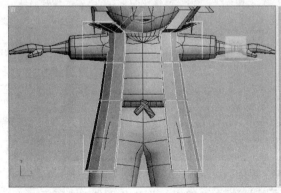

图 2.301 调整点

(60) 切换到"边"层级,选择袖子部位的点,点击"编辑边"卷展栏下的"连接"命令编辑选择的边,并在"顶点"层级上移动点,调整出袖口的形状,如图 2.302 所示。

图 2.302 连接

(61) 单独显示模型，选中"多边形"层级，选择袖口处的面删除，如图 2.303 所示。

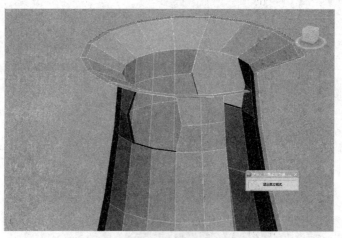

图 2.303 删除面

(62) 切换"边"层级，选择边，按下【Shift】键的同时移动该边。切换到"顶点"层级，使用"编辑顶点"面板下的"目标焊接"命令焊接点，如图 2.304 所示。

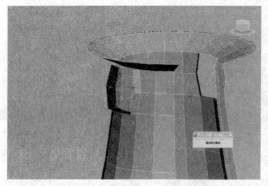 

图 2.304 焊接

(63) 打开"编辑几何体"卷展栏，点击 网格平滑 命令编辑模型，如图 2.305 所示。

(64) 选择"菜单"/"文件"/"合并"，合并前面制作的袖箭、刀等模型，如图 2.306 所示。

图 2.305 添加"网格平滑"

图 2.306 合并

(65) 模型导入到角色场景中,使用"移动"、"旋转"、"缩放"命令把袖箭放置于手腕,刀放置于背后,如图 2.307 所示。

(66) 至此,角色制作完成,如图 2.308 所示。

图 2.307 调整模型

图 2.308 完成的效果

2.4.2 制作恐龙

操作步骤如下:

(1) 选择菜单栏的"视图"/"视口背景"/"视口背景(B)"项,在弹出的视口背景窗口中单击"文件",添加光盘中的恐龙.jpg 文件,在"纵横比"选择组选择"匹配位图",勾选"锁定缩放/平移",如图 2.309 所示。

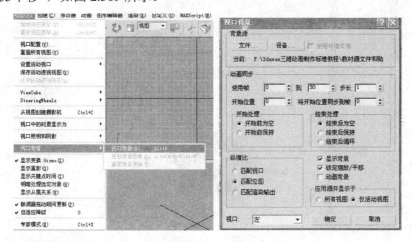
图 2.309 视口背景

(2) 选择 (创建)/ (几何体)/长方体，设置长、宽、高分段数分别为 2，4，2，如图 2.310 所示。

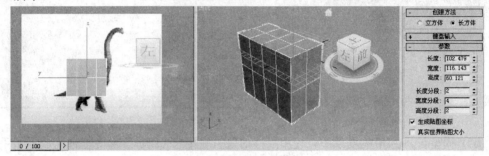

图 2.310　创建长方体

(3) 点击 (顶点)切换到点次物体级，删除左边的半个长方体。将轴心点移动到中心位置，点击 工具/镜像模型，在"克隆当前选择"选项组选择"实例"，使模型镜像关联，调节左面模型的同时右面的模型也会随之而动。这样制作角色时只需制作一半就可以了，既能节省时间，又能保证左右对称，如图 2.311 所示。

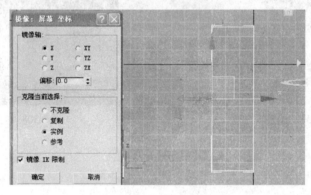

图 2.311　镜像模型

(4) 选择两个多边形，按【Alt+X】键使模型半透明显示，点击 (顶点)切换到点次物体级，将长方体调整至恐龙身体的形状，如图 2.312 所示。

图 2.312　调整

(5) 点击 ◁(边)层级，进入边次物体级别，选择恐龙前腿部分的边，连接一条线，然后进入多边形次物体级别，选择恐龙前腿部分的多边形，使用"挤出"工具，挤出两次，挤出恐龙前腿的上部，如图 2.313 所示。

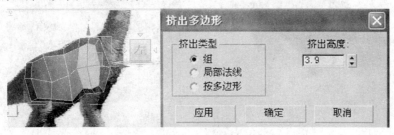

图 2.313 挤出

(6) 点击 ∴(顶点)，进入点次物体级别，选择靠近背部的点，使用"目标焊接"工具根据恐龙身体结构焊接点，如图 2.314 所示。

图 2.314 目标焊接

(7) 点击 ■(多边形)，进入多边形次物体级别，选择挤出面下面的多边形，使用"挤出"工具，挤出三次，进入点次物体级别，调节点的位置，如图 2.315 所示。

图 2.315 调节点

(8) 使用和制作前腿同样的方法制作恐龙的后腿，如图 2.316 所示。

图 2.316 恐龙的后腿

(9) 选择一半的模型,点右键将其转换为可编辑多边形,使用"附加"工具附加另外半个模型。进入点次物体级别,按【Ctrl+A】键选中所有的点,使用"焊接"工具焊接接缝处的点,如图 2.317 所示。

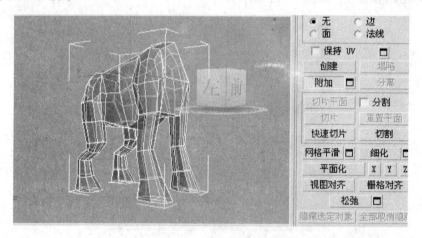

图 2.317 附加、焊接

(10) 点击 ■(多边形),进入多边形次物体级别,选择恐龙后部的多边形,使用"倒角"工具,挤出三次,进入点次物体级别,调节位置制作出恐龙的尾巴,如图 2.318 所示。

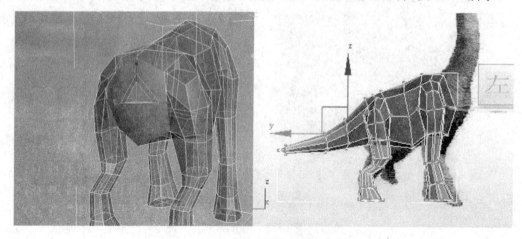

图 2.318 恐龙尾巴

(11) 点击 ■(多边形)，进入多边形次物体级别，选择恐龙前部的多边形，使用"挤出"工具，挤出恐龙的脖子和头部，进入点次物体级别，调节点到合适的位置，如图 2.319 所示。

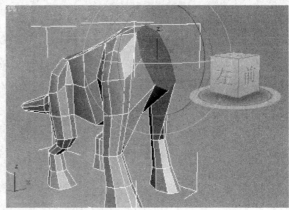

图 2.319　恐龙的脖子和头部

(12) 点击 ∴(顶点)进入点次物体级别，选择恐龙眼睛位置的点，使用"切角"工具，分出恐龙眼睛的多边形，制作完成，如图 2.320 所示。

图 2.320　完成的效果

2.5　合并场景

合并场景，即把我们制作的一些模型合并在一起，调整模型的位置并在场景中添加一些装饰，整合成为一个场景，如图 2.321 所示。

操作步骤如下：

(1) 点击 ○(几何体)，在"标准基本体"下拉菜单中选择"AEC 扩展"。在"AEC 扩展"面板中有　植物　，这是 3ds Max 2009 自带的一些成品植物，我们可以选择其中的一些植物来装饰场景，如图 2.322 所示。

图 2.321 合并场景　　　　　　　　　图 2.322 创建植物

(2) 点击植物列表中的"春天的日本樱花",然后直接在场景中点击生成。把做好的房子、围栏导入场景中,一个小场景框架就基本完成了,如图 2.323 所示。

图 2.323 完成的效果

本章小结

本章主要对以多边形建模为主的几种建模方法进行了讲解,介绍了几种建模方法的特点及其优点,并融合使用几种建模方法建立了一个模型。根据建模目的不同,可以使用不同的建模方式来实现模型的建立。

习　题

1. 简述几种建模方式的特点？
2. 制作凹凸有哪几种方法？
3. 改变模型外形有几种方法？
4. 制作木桶时，多边形建模和面片建模哪种方法更简单？
5. 除了面片头发还可以制作哪种头发？
6. 手指和脚部如何细化？

第 3 章 3ds Max 材质技术

学习目标

本章介绍了材质的基础知识、常见的材质类型、贴图及其相关参数设置。通过本章的学习应该达到以下目标：
- 掌握材质编辑器的使用方法。
- 掌握标准材质中各个参数、选项的使用方法。
- 掌握贴图的使用方法。
- 理解贴图坐标的原理，掌握 UVW 贴图以及贴图通道的使用方法。

3.1 材 质 基 础

在 3ds Max 中创建好模型后，要根据角色对象赋予适当的材质，模拟真实的环境和对象，表现对象的光泽、色彩以及纹理等，达到以假乱真的效果。三维软件中的材质是虚拟的，和真实世界中的物理材质有很大的区别，一个对象最终的效果不仅仅与对象自身的材质有关，还和这个对象所处的环境、灯光、使用的渲染器等有直接的关系。

材质是用来描述物体怎样反射和传播光线的，表现为物体独特的外观特色，如平滑、粗糙、光泽、暗淡、反射、发光、透明、半透明、不透明等。在三维软件中表现对象的外观属性称为材质，用户通过参数的调整产生各种特殊的材质效果。材质包含两方面最基本的内容，即质感和纹理。质感是指如金属质感、皮肤质感、玻璃质感等对象的基本属性，在 3ds Max 中是由明暗模式来决定的。纹理是指对象表面颜色、图案、凹凸、反射、折射等特征，在 3ds Max 中指的是贴图。

3ds Max 中材质是通过材质编辑器来设置的，单击主工具栏上的 ![] 按钮或者按键盘上的【M】键打开材质编辑器，如图 3.1 所示。材质编辑器分成菜单栏、材质样本窗、垂直工具栏、水平工具栏、材质类型区和材质参数区五个部分，各部分的功能介绍如下：

(1) 菜单栏。

菜单栏由"材质"、"导航"、"选项"和"工具"四个下拉式菜单组成。其中包含了材质设计所需的各种命令，这些命令和工具栏上的按钮功能基本相同。

(2) 材质样本窗。

材质样本窗中包含了多个材质样本球，每个材质样本球表示一种材质，可赋予场景中的对象。材质样本窗中共有 24 个样本球，默认情况下可显示其中的 6 个，在材质样本窗上单击右键，在打开的快捷菜单中选择"3×2 示例窗"、"5×3 示例窗"或"6×4 示例窗"即可，如图 3.2 所示。

在 3ds Max 中没有指定给场景中物体的材质一般称为冷材质，已经指定给场景中物体的材质，一般称为热材质，这类材质在样本槽的四个角上显示为白色小三角。

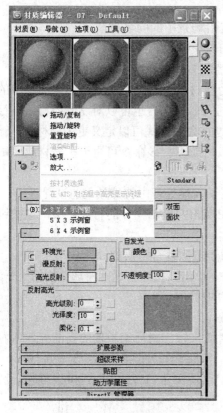 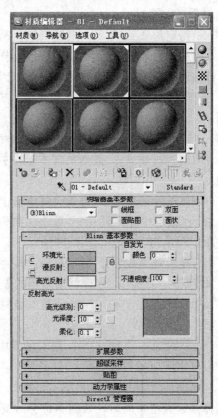

图 3.1　材质编辑器　　　　　　　　图 3.2　材质样本窗的快捷菜单

(3) 垂直工具栏。

▣(样本类型)：按住该按钮不放，会打开一个工具按钮列表，利用该按钮列表，可以把材质样本设置为"球体"、"圆柱体"或"立方体"。

▣(背光)：控制样本背后光源是否打开。

▣(背景)：单击该按钮，显示彩色方格作为样本的背景，在设计透明材质时通常打开此项，再次单击可取消方格背景显示。

▣(UV 项平铺次数)：按住该按钮可选择贴图的平铺方式为"2×2"、"3×3"、"4×4"，该选项只影响样本球上贴图的显示。

▣(视频颜色检查)：检查所设计材质的颜色是否超过当前电视制式的颜色范围。

▣(创建预览)：用于材质动画的制作，可在样本球中预览材质的动画效果。

▣(选项)：用于定制材质编辑器，使材质编辑器界面更加符合用户要求，单击该按钮会打开一个对话框。

▣(按材质选择)：按材质选择场景中的对象，当场景中多个对象具有相同的材质时，单击该按钮，可以选择具有相同材质的所有对象。

(材质/贴图导航器)：单击该按钮，会打开一个视图，用于显示当前材质的树形结构，便于复杂材质的制作和修改。

(4) 水平工具栏。

(获取材质)：单击该按钮会打开"材质浏览器"对话框，可调用材质库中的材质或浏览材质库中的材质。

(指定材质到场景)：把复制的材质重新指定给场景中的同名材质。

(指定材质给选择物体)：把当前样本槽中的材质赋予选择物体。

(材质/贴图还原为默认设置)：把当前样本槽中的材质和贴图还原为默认设置。

(产生复制材质)：单击该按钮，热材质变为冷材质，改变参数将不影响场景中的同名材质，再次单击 按钮时，重新指定给场景中的同名材质。也可以对复制的材质进行重命名，当场景中使用材质的数量超过 24 种时，通过重命名方式可以定义更多的材质。

(放入材质库)：把当前样本槽中的材质存入材质库，该命令可用于扩充材质库中的材质。

(材质效果通道)：为当前材质指定通道，用于后期处理中特殊效果的设置。

(在视图中显示贴图)：单击该按钮，可以在视图中显示物体的材质贴图，该按钮为开关项，再单击一次会取消贴图的显示。

(显示最终效果)：显示材质的最终效果，用于多重复合材质的设计。

(返回上一级)：复合材质采用的是树形结构，单击该按钮会返回树形结构的上一级。

(切换到并行级)：切换到与本级材质同一级的材质。

(5) 材质类型区。

(从对象中获取材质)：获取场景中物体的材质，置于材质编辑器的当前样本球右侧的列表框中可以输入材质名。

Standard (标准按钮)：单击可打开"材质"/"贴图浏览器"，可完成标准材质的设置。当选择其它类型材质时，按钮名称会改变。

通过下面两种方法可以把材质编辑器中的材质指定给场景中的物体：

① 通过工具按钮指定。首先在场景中选择要指定材质的物体，置于材质编辑器中选择要指定的材质，单击材质编辑器水平工具栏上的 (指定材质给选择物体)按钮。

② 通过拖曳的方式指定。拖动材质编辑器中的一个材质样本球到场景中的物体，即可为场景中的物体指定材质，如图 3.3 所示。

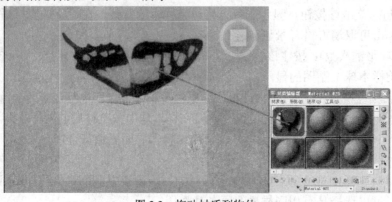

图 3.3　拖动材质到物体

3.2 标准类型材质

标准材质是默认的通用材质，用来模拟对象表面的反射属性，在不使用贴图的情况下，标准材质为对象提供了单一均匀的表面颜色效果。

标准材质的"参数卷展栏"包括明暗器基本参数、明暗器着色类型所对应的参数、扩展参数、超级采样、贴图、动力学属性、DirectX 管理器，通过单击项目条可以收起或展开对应的参数面板。

3.2.1 明暗器基本参数

明暗器有 8 种不同的类型，如图 3.4 所示。

各向异性：可以使物体表面产生长形高光，适合于头发、玻璃器皿、抛光金属等。

Blinn：以光滑的方式进行渲染，与塑性(Phong)方式很相近，这是系统默认的着色方式。与塑性方式的区别在于，塑性表现硬性冷色材质，Blinn 表现暖色柔和的材质。

金属：可以产生强烈的高光区，多用于金属、玻璃等材质的设置。

多层：可以设置两层高光的参数，比各向异性方式表现力更加丰富。

Oren-Nayar-Blinn：适合于布料、陶土等无反光材质。

Phong：用于金属之外的硬性材料。

Strauss：与金属方式近似，比金属方式操作更加简单。

半透明明暗器：用于透明材质的设置。

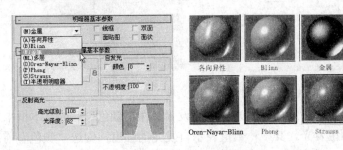

图 3.4 明暗器类型

明暗器的类型不同，对应的基本控制参数也不同，其中"Blinn"是较为常见的一种，下面以"Blinn"类型为对象介绍参数及其使用方法。

3.2.2 材质基本参数

1. 特殊的明暗器效果

明暗器基本参数选项的右侧有四个特殊的材质效果，分别是"线框"、"双面"、"面贴图"、"面状"。

线框：仅渲染对象的网格线，网格线的粗细可以通过"扩展参数"卷展栏的"线框"选项组中的"大小"参数进行调整。

双面：在默认情况下，对于没有厚度的面，3ds Max 只能渲染一个面，即法线所指向的面，选择双面渲染方式则可渲染两个面。

面贴图：在组成物体的每一个多边形面上贴图，不需要贴图坐标，主要用于粒子系统贴图。

面状：不进行表面的光滑处理，较少使用。

四个特殊的材质效果如图 3.5 所示。

图 3.5　四个特殊的材质效果

2. Blinn 基本参数

在"Blinn 基本参数"卷展栏中有"色彩"、"自发光"、"不透明"和"反射高光"等选项。

"色彩"选项：可以通过"环境光"、"漫反射"、"高光反射"右侧的颜色按钮自由地设置物体的环境光、漫反射、高光区的颜色，右侧的 按钮用于受光区的贴图设置，如图 3.6 所示。

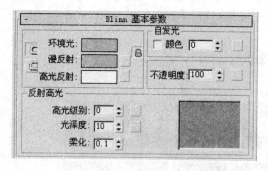 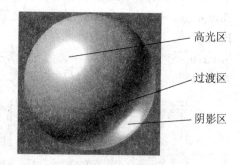

图 3.6　色彩选项

"自发光"选项：用于对物体自发光特性的设置，在"颜色"后的文本框中输入数值，物体就可以按其本身颜色发光，其中，数值表示自发光的强度；勾选"颜色"前的复选框，则可以指定自发光颜色，单击其后的色块，可以打开颜色选择器进行颜色指定；单击右侧的 按钮，可以指定自发光通道贴图。

"不透明"选项：可设置材质的不透明属性，通过数值来控制不透明度，其值为"100"时表示完全不透明，值为"0"时表示完全透明，介于 0～100 之间为半透明。这里的不透明属性设置还可以和"扩展参数"面板中的"高级透明"选项配合，设置出非常逼真的透明材质。

"反射高光"选项中：用于设置对象的反光特性，反光特性能够更好地表现材质的质感。明暗器类型不同，该处的参数也有所不同，以"Blinn"为例，该选项的参数有"高光级别"、"光泽度"和"柔化"，其中"高光级别"用来设置物体的反光强度，其数值越大，反光越强；"光泽度"用来设置高光区的范围，其数值越小，范围越大；"柔化"可以对高光区的边沿做柔化处理，实现从高光区到过渡区的渐变。

3.2.3 扩展参数

标准材质中所有渲染类型的扩展参数都相同,选项参数包括"高级透明"、"线框"和"反射暗淡"等选项组,如图 3.7 所示。

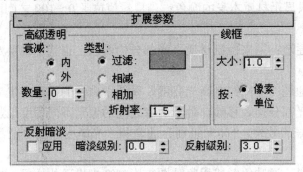

图 3.7 "扩展参数"卷展栏

"高级透明"选项组:主要是对透明的高级设置,配合"反射"和"不透明度"选项使用,其中"衰减"选项用于设置透明材质的不透明度衰减,"内"表示从边沿到中心增加透明度,例如玻璃等,"外"表示从中心到边沿增加透明度,例如云雾、烟雾等;"数量"用来设置衰减程度。"类型"包含三个单选项,"过滤"用来设置透明过滤色,用于彩色透明材质;"相减"表示从材质颜色中减去背景色;"叠加"用来设置材质颜色与背景颜色叠加。"折射率"用于折射率的设置,不同的透明材质具有不同的折射率。

"线框"选项组:用于在明暗器效果中选择"线框"选项时设置线框的粗细;"大小"用于设置渲染线框的尺寸,可以按像素设置,也可以按绘图单位设置。

"反射暗淡"选项组:用于设置反射模糊。勾选"应用"该项表示应用反射模糊效果;"模糊"级别用于设置反射模糊的级别;"反射级别"设置反射的级别。

3.2.4 贴图通道

三维对象表面的纹理是通过贴图来实现的,在"贴图"卷展栏中提供了 12 种不同的贴图方式,如图 3.8 所示。

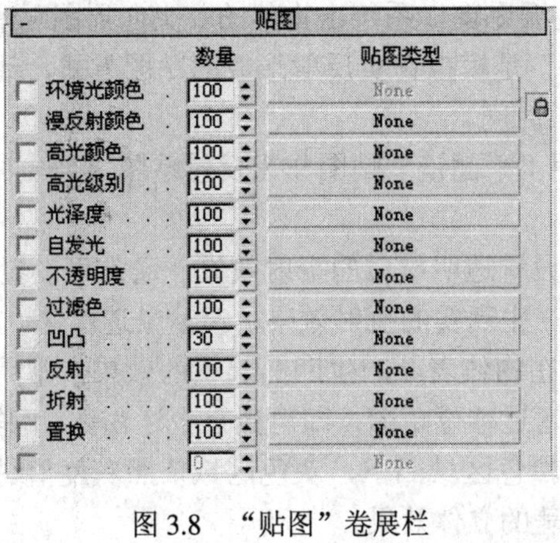

图 3.8 "贴图"卷展栏

"环境光颜色"通道:用来模拟物体受到环境影响产生效果的通道,一般情况下它都是和固有色通道捆绑在一起使用的。

"漫反射颜色"通道:其设置直接影响物体表面的贴图纹理,数量取值范围为0～100,当数量值为"100"时,材质本身的颜色就不显示,只显示贴图纹理;当数量值为"0"时,贴图纹理不显示,只显示材质本身的颜色;当数量值位于0～100之间时,为贴图纹理和物体本身颜色的混合。

"高光颜色"通道:用来控制材质高光部分的颜色,也就是说决定一个物体高光的部分是什么颜色。

"高光级别"通道:用来控制高光亮度,贴图中白色的像素产生完全的高光区域,而黑色的像素则将高光部分彻底移除,处于两者之间的像素不同程度地削弱高光强度,一般情况下,为了得到好的效果,"高光级别"通道和"光泽度"通道经常同时应用于相同的贴图。

"光泽度"通道:通过位图或程序贴图来影响高光出现的位置。根据贴图颜色的强度决定整个表面上哪些部分光泽度高一些,哪些部分光泽度低一些。在贴图中黑色的像素产生完全的光泽,白色的像素则将光泽度彻底移除,两者之间的颜色不同程度地减少高光区域的面积。

"自发光"通道:可以使用贴图的灰度值确定自发光的值,或用贴图作为自发光的颜色。数量值的变化范围为0～100,贴图中纯黑色的区域不会对材质产生任何影响,其它颜色将根据自身的灰度值产生不同的发光效果。

"不透明度"通道:利用图像的明暗度在物体表面产生透明效果,黑色部分完全透明,白色部分完全不透明,可以为玻璃添加花纹效果。

"凹凸"通道:通过图像的明暗强度来影响材质表面的平滑程度,从而产生凹凸的表面效果,贴图中的白色部分产生凸起,黑色部分产生凹陷,中间色产生过渡效果。

"反射"通道:用于具有反射特性的材质,如玻璃、油漆过的家具表面、大理石地面等,通过物体表面的反射阴影,产生真实的感觉。3ds Max中有三种不同的方式制作反射效果。

- 贴图反射:通过指定一幅位图或者程序贴图作为反射贴图,这种方式计算较快,但不真实。
- 自动反射:不需要贴图,系统由物体的中央向周围观察,并将看到的部分贴到表面。"光线跟踪"是模拟真实反射形成的贴图方式,计算结果最接近真实,但渲染需要花费较长时间。
- 平面反射:使用"平面镜"贴图作为反射贴图,是一种专门模拟镜面反射效果的贴图类型。

"折射"通道:用于设置透明材质的折射效果,通常可设置为"光线追踪"、"反射"/"折射"两种方式,能够产生真实的折射效果,但渲染速度慢。

"置换"通道:用于在物体表面产生凹凸起伏的效果,常用于海水、起伏的地面等物体的建模,在平面物体上通过移位贴图,即可建立上述物体。"移位"贴图通道通常采用灰度图形,白色区域凸起,黑色区域凹下,灰色区域依照灰度值进行调整。移位贴图会产生比凹凸贴图更真实、更显著的立体效果。

3.3 各种材质类型

在 3ds Max 中除了标准材质外,还有其它的一些材质,下面主要介绍一些常用的材质类型。

3.3.1 双面材质

这类材质包含两种子材质,可以分别对物体的内外表面指定不同的材质,还可以控制它们的不透明度,一般用于比较薄的对象,如布料、纸张等,双面材质的参数设置和效果如图 3.9 所示。

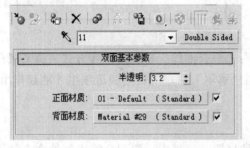 

图 3.9 双面材质

3.3.2 顶部/底部材质

顶部/底部材质可以为物体的顶部和底部指定不同的材质,顶部指法线朝上的面,底部指法线朝下的面,如图 3.10 所示。

图 3.10 顶部/底部材质

其中,"混合"用于设置两种材质过渡区的大小;"位置"用于设置两种材质交融的位置。

3.3.3 混合材质

混合材质是由两种材质进行混合而产生的新材质。两种材质可以按比例混合,也可以按一个用于遮罩的贴图进行混合,利用贴图本身的明暗度来决定两种材质的融合程度,如图 3.11 所示。

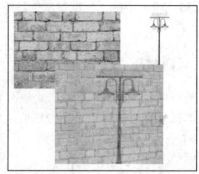

图 3.11 混合材质

其中"混合量"用于控制两种材质的混合比例;"混合曲线"是通过曲线方式来调节黑白过渡造成的材质融合的尖锐或柔和程度,当使用"遮罩"后,混合曲线选项组才能起作用。

3.3.4 多维/子对象材质

多维/子对象材质用于给一个对象指定多种材质,该材质一般配合编辑网格命令使用,在次对象层级上选择对象的一部分,指定一个子材质 ID 号,子材质的数量可以由用户设置。多维/子对象材质效果如图 3.12 所示。

图 3.12 多维/子对象材质

其中,"设置数量"用于设置子材质的数量。

3.3.5 合成材质

合成材质通过层级的方式进行材质的叠加,实现丰富的材质效果。材质叠加的顺序是从上向下的,可以合成 10 种材质。叠加时的合成方式有三种,分别为"A"(递增性不透明)、"B"(递减性不透明)和"S"(混合复合方式)。合成材质使用非常广泛,如物体上贴一张商标等。

3.3.6 光线追踪材质

光线追踪材质用于玻璃、金属等具有反射、折射特性的材质,这类材质在渲染时按照光线的反射、折射、衰减等规则进行复杂的计算,渲染速度比其它类型的材质慢,如图 3.13 所示。

图 3.13 光线追踪材质效果

3.3.7 无光/投影材质

无光/投影材质主要用于把三维的场景和二维背景结合起来。通常情况下,三维场景只能位于背景的前面,不能发生相互作用,如三维场景无法在二维背景上投射阴影,背景中的物体无法遮挡三维场景中的物体等,如图 3.14 所示。

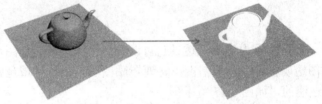

图 3.14 无光/投影材质效果

3.4 各种贴图类型

3.4.1 位图

位图是比较常用的一种贴图方式,使用一张图像作为贴图,在 3ds Max 中被引入的位图格式较多,包括 JPEG、GIF、BMP、TIFF、PNG、AVI、TGA 等,如图 3.15 所示。

图 3.15 位图贴图

3.4.2 光线跟踪贴图

光线跟踪贴图和光线追踪材质相同，能够实现反射和折射效果。光线追踪材质优于光线跟踪贴图，但渲染时间将更长。光线跟踪贴图可以和其它贴图类型一同使用，还可以将光线跟踪贴图指定给其它反射或折射材质，如图 3.16 所示。

图 3.16 光线跟踪贴图效果

3.4.3 遮罩贴图

遮罩贴图使用一张贴图作为遮罩，透过它可以看到物体上面的贴图，遮罩贴图本身的明暗强度将决定贴图透明程度。一般情况下，遮罩贴图的纯白色区域是完全不透明的，纯黑色的区域是完全透明的，如图 3.17 所示。

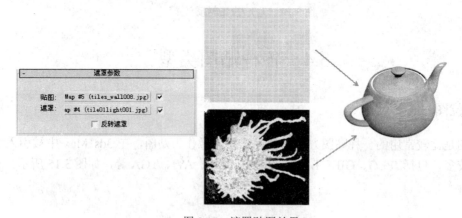

图 3.17 遮罩贴图效果

3.4.4 混合贴图

混合贴图是将两种贴图混合在一起，通过控制混合数量来调节混合的程度，该材质可以实现动画效果，如图 3.18 所示。

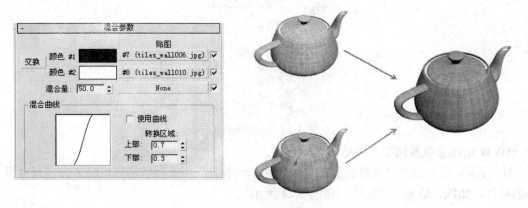

图 3.18　混合贴图效果

3.4.5　程序贴图

程序贴图是指计算机通过数学计算而得到的图形，程序贴图可以通过各种参数进行改变，非常适合制作各种动画材质。程序贴图在局部放大时不会产生像素化问题，而且生成速度快，内存耗费小。程序贴图可分为二维程序贴图和三维程序贴图两种。二维程序贴图是在平面范围内产生贴图纹理；三维程序贴图是在三维空间产生贴图纹理。物体不同表面上的纹理不同，常见的二维程序贴图有棋盘贴图、渐变贴图、多色渐变贴图、旋涡贴图等；常见的三维贴图主要有细胞贴图、凹痕贴图、大理石贴图、噪波贴图、烟雾贴图、斑点贴图、泼溅贴图、灰泥贴图、水波贴图、木头贴图等，如图 3.19 所示。

Perlin 大理石　　　　棋盘格　　　　渐变　　　　细胞

图 3.19　程序贴图效果

3.5　贴 图 坐 标

一张好的贴图需要配合正确的坐标指定才能将其正确地显示在对象上，需要告诉三维软件这张贴图如何贴在物体上。贴图坐标决定着贴图文件如何放置到物体表面上，对贴图效果有较大的影响，通过贴图坐标可以设置贴图的位置、方向以及大小比例。在 3ds Max 中有三种设置贴图坐标的方式：

(1) 在场景中创建对象时，参数面板中含有"生成贴图坐标"选项。

(2) 选择场景中的对象，通过修改面板指定 UVW 贴图修改器，该修改器有多种贴图坐标类型，可以从中选择合适的一种，如图 3.20 所示。还可以通过修改贴图坐标中的参数制作动画。

图 3.20　贴图坐标

UVW 贴图修改器包括 7 种贴图坐标方式。

① 平面：将贴图沿平面映射到对象的表面，一般只应用于面状物体，或 Z 方向尺寸很小的物体，如纸、墙面、地毯等，如图 3.21 所示。

② 柱形：将贴图沿平面映射到对象的表面，适用于柱形物体，如花瓶、茶杯、柱子等。使用"封口"复选项，可以使物体顶面产生贴图，如图 3.22 所示。

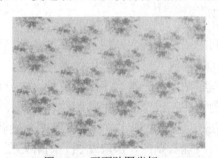

图 3.21　平面贴图坐标

图 3.22　柱形贴图坐标

③ 球形：将贴图沿着球体内表面映射到物体表面上，适用于球形物体。

④ 收缩包裹：类似于球体，但贴图收缩于一点，可避免由贴图产生的贴缝。

⑤ 长方体：适用于方形物体，是长方体默认的贴图方式。

⑥ 面：根据组成网格物体表面的多边形生成贴图坐标，每个多边形面将产生一个贴图。

⑦ XYZ 到 UVW：此类贴图用于 3D 贴图，它使 3D 贴图粘贴在对象的表面上。

(3) 对特殊类型的模型使用特别的贴图轴设置，如放样对象提供了内定的贴图选项，NURBS 和面片都有自己的一套贴图方案。

3.6　应 用 案 例

3.6.1　金属材质的制作

操作步骤如下：

(1) 打开光盘中"金属材质.max"场景文件，如图 3.23 所示。

(2) 按【M】键打开"材质编辑器"，选择一个空的材质球。

(3) 在"明暗器基本参数"卷展栏中，将明暗器类型设置为"金属"，在"金属基本参数"面板中，设置"漫反射颜色"的 RGB 值为 239、239、239，"高光级别"为 118，"光泽度"为 79，如图 3.24 所示。

图 3.23 场景文件

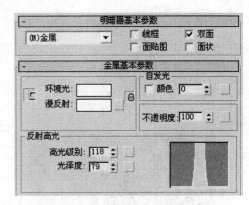

图 3.24 材质基本参数设置

(4) 在"贴图"卷展栏中，单击"反射"后面的"None"按钮，在打开"材质/贴图浏览器"对话框中双击"光线跟踪"选项。

(5) 单击 按钮，返回父级材质面板，设置"反射数量"为 80，得到光亮金属效果。

(6) 选择场景中的剑，单击"材质编辑器"上的 按钮，将材质赋予对象。

(7) 按【Shift+Q】组合键渲染场景，得到的渲染结果如图 3.25 所示。

(8) 在"金属基本参数"面板中，重新设置"漫反射颜色"的 RGB 值为 246、180、38，得到另外一种金属效果。

(9) 按【Shift+Q】组合键渲染场景，渲染效果如图 3.26 所示。

图 3.25 光亮金属效果

图 3.26 黄金金属效果

3.6.2 玻璃材质的制作

操作步骤如下：

(1) 打开光盘中"玻璃材质.max"场景文件，如图 3.27 所示。

(2) 按【M】键打开"材质编辑器"，选择一个空的材质球。

(3) 单击 Standard 按钮，将标准材质更换成为光线追踪材质。

(4) "漫反射"的颜色设置为黑色，"不透明度"设置为白色，"折射率"设置为 1.6，将"高光级别"设置为 250，"光泽度"设置为 80，如图 3.28 所示。

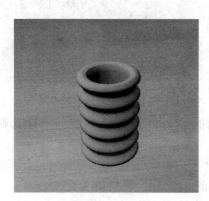

图 3.27 场景文件

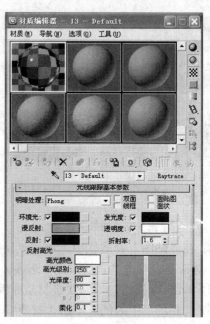

图 3.28 设置光线追踪材质参数

(5) 打开"贴图"卷展栏,在"反射"贴图通道中添加"衰减"贴图类型,然后将"反射"贴图通道的强度设置为 60,如图 3.29 所示。

(6) 选择场景中的杯子,单击"材质编辑器"上的 按钮,将材质赋予对象。

(7) 执行"渲染"/"环境"命令,打开"环境和效果"对话框,在"公用参数"卷展栏中的"环境贴图"按钮上单击"None"按钮,为其添加光盘中玻璃材质文件夹中的一张环境.hdr 文件。

(8) 打开"材质编辑器",将"环境和效果"对话框中的环境贴图拖到材质器中的空白材质球上,选择"实例"选项,如图 3.30 所示。

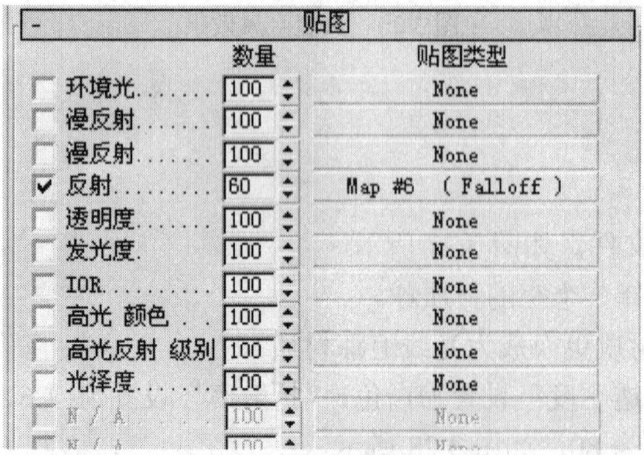

图 3.29 设置反射贴图通道

图 3.30 环境贴图设置

(9) 按【Shift+Q】组合键渲染场景，得到的渲染效果如图 3.31 所示。

图 3.31　渲染效果

3.6.3　陶瓷材质的制作

操作步骤如下：

(1) 打开光盘中"陶瓷材质.max"场景文件，如图 3.32 所示。

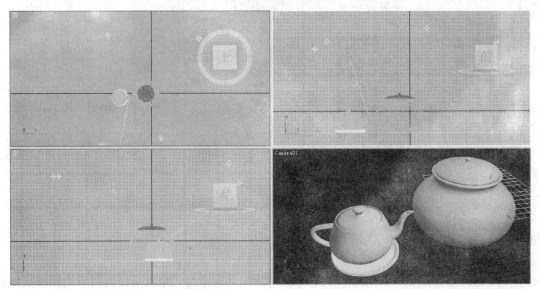

图 3.32　原场景

(2) 按【M】键打开"材质编辑器"，选择一个空的材质球。

(3) 单击 `Standard` 按钮打开"材质/贴图浏览器"，选择"光线跟踪"材质，材质参数设置如图 3.33 所示。

(4) 在"反射"通道增加"衰减"贴图,在"衰减"卷展栏中设置参数,如图3.34所示。

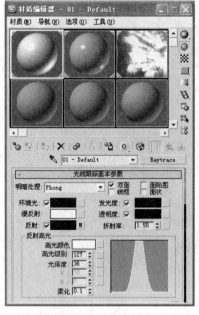

图 3.33 材质设置

图 3.34 材质设置

(5) 选择场景中的对象,单击"材质编辑器"上的 按钮,将材质赋予对象。
(6) 按【Shift+Q】组合键渲染场景,得到的渲染效果如图3.35所示。

图 3.35 渲染效果

3.6.4 蝴蝶材质的制作

操作步骤如下:

(1) 打开配套光盘中的"蝴蝶材质.max"文件,场景中是一个没有任何材质的蝴蝶模型。

(2) 按快捷键【M】打开"材质编辑器",选择一个空白材质球并将材质指定给蝴蝶模型。

(3) 点击"漫反射"右边的小按钮,在弹出的对话框中选择"位图",然后选择光盘中的蝴蝶图片作为漫反射贴图,如图3.36所示。

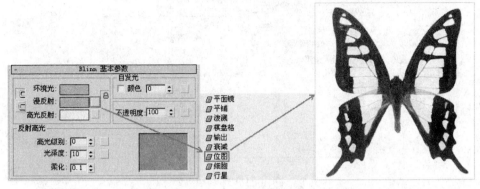

图 3.36 添加漫反射贴图

(4) 打开"贴图"卷展栏,在"不透明度"通道贴上一张同样的贴图,完成之后打开贴图,在"位图参数"卷展栏将单通道输出项目组设置为"Alpha"方式,如图 3.37 所示。

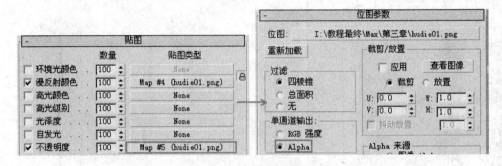

图 3.37 不透明贴图

(5) 完成后的蝴蝶如图 3.38 所示。

图 3.38 完成的效果

(6) 现在要为蝴蝶展 UV,只有设置正确的 UV 才能使蝴蝶贴图显示正确。选择蝴蝶左边的翅膀,在修改器列表中给模型指定一个"UVW 贴图"修改器,并将贴图方式设置为"平面"方式,如图 3.39 所示。

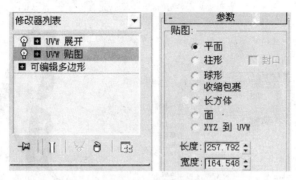

图 3.39 添加"UVW 贴图"修改器

(7) 再为模型添加"UVW 展开"修改器,点击"编辑"按钮打开"编辑 UVW"视图,利用自由形式模型方式将翅膀的 UV 拖动到贴图的一半,如图 3.40 所示。

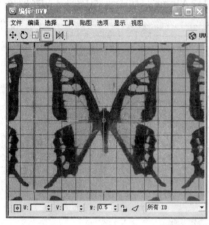 

图 3.40 添加"UVW 展开"修改器

(8) 利用相同的方法设置蝴蝶另一半的翅膀和身体的贴图,最后完成的蝴蝶贴图如图 3.41 所示。

图 3.41 完成的效果

3.6.5 角色材质的制作

操作步骤如下:

(1) 打开配套光盘中的角色.max 场景文件,如图 3.42 所示。

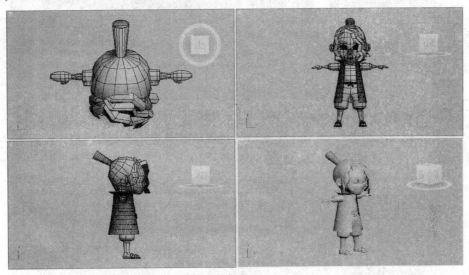

图 3.42 打开场景文件

(2) 设置头发的材质,选择角色的头发模型。打开"材质编辑器",选择一个空白的材质球赋予头发模型,设置"漫反射颜色"的红、绿、蓝分别为 34、38、114,如图 3.43 所示。

图 3.43 选择角色的头发模型

(3) 设置身体及衣服的材质,选择身体及衣服模型,在多边形次物体级,选择身体部分的多边形,在"多边形:材质 ID"卷展栏设置 ID 为 1,按【Ctrl+I】组合键反选衣服部分的"多边形",在"多边形:材质 ID"卷展栏设置 ID 为 2,如图 3.44 所示。

图 3.44 设置 ID

(4) 打开"材质编辑器",选择一个空白的材质球赋予身体及衣服模型,设置为"多维/子对象"材质,设置材质数量为 2,如图 3.45 所示。

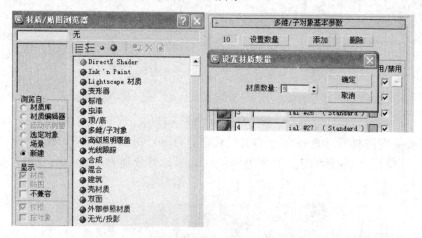

图 3.45 "多维/子对象"材质

(5) 进入 ID1,设置其"漫反射颜色"的红、绿、蓝分别为 255、185、125;进入 ID2,设置其"漫反射颜色"的红、绿、蓝分别为 0、0、60,如图 3.46 所示。

图 3.46 设置 ID 颜色

(6) 设置眼睛材质贴图。选择眼睛模型，打开"材质编辑器"，选择一个空白的材质球赋予眼睛模型，单击"Blinn 基本参数"面板下漫反射旁边的方块，选择"位图"命令，在"漫反射"贴图通道下打开光盘中的"眼睛贴图.JPG"文件，并在修改器列表中给选择的模型添加"UVW 贴图"命令，如图 3.47 所示。

图 3.47　眼睛贴图

(7) 设置马甲贴图。选择马甲模型，按【M】键打开"材质编辑器"，选择一个空白的材质球赋予马甲模型，在修改器列表中给选择的模型添加"UVW 贴图"命令，贴图方式选择柱形，将分割线旋转至身体前部，如图 3.48 所示。

图 3.48　UVW 贴图

(8) 在"修改器"列表中给选择的模型添加命令 　UVW 展开　。点击"UVW 展开"命令下参数面板中的"编辑"按钮，弹出"编辑"面板。使用 UVW 编辑器中的命令把模型 UV 展开，在弹出的"编辑 UVW"面板中，选择"工具/渲染 UVW"面板，如图 3.49 所示。

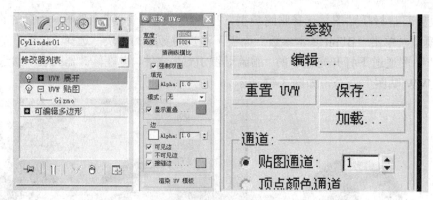

图 3.49 UVW 展开

(9) 将渲染好的 UV 图保存成 JPG 格式,如图 3.50 所示。

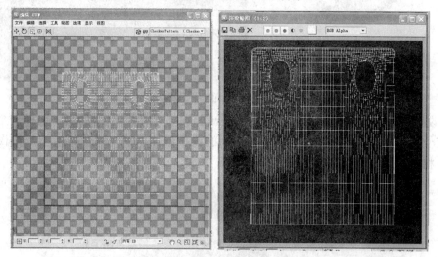

图 3.50 渲染好的 UV 图

(10) 打开 Photoshop 软件,打开渲染好的 UV 图,根据 UV 图坐标,绘制马甲贴图,如图 3.51 所示。

图 3.51 画好的贴图

(11) 将绘制好的贴图赋予马甲模型，按【Shift+Q】组合键渲染场景，得到的渲染结果如图 3.52 所示。

图 3.52　完成的效果

3.6.6　恐龙材质的制作

操作步骤如下：

(1) 打开配套光盘中的"恐龙 ok.max"文件，选择 ■ (多边形)，进入多边形次物体级别，选择如图的多边形，使用分离工具，将恐龙分为五个部分，如图 3.53 所示。

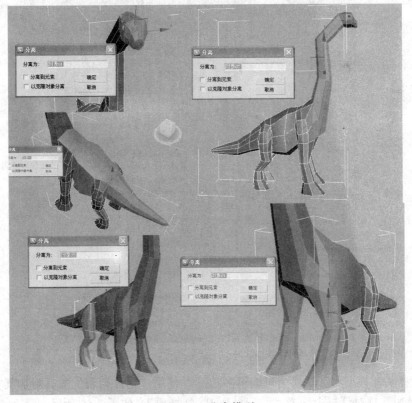

图 3.53　分离模型

(2) 按【M】键打开"材质编辑器",选择五个空白的材质球,为恐龙的五个部分分别赋予材质,如图 3.54 所示。

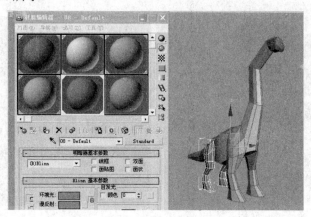

图 3.54　赋予材质

(3) 点击 (修改)进入"修改"命令面板,为五个部分分别添加"UV 贴图"修改器,在"贴图"选择组下选择柱形,调节 Gizmo 的尺寸匹配到模型,如图 3.55 所示。

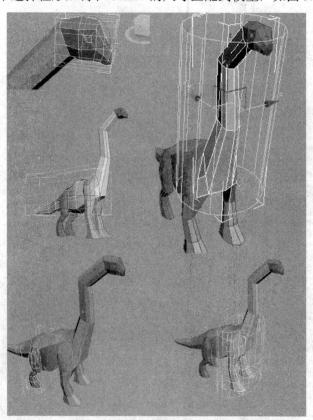

图 3.55　调节 Gizmo

(4) 选择头部模型将其转换为可编辑多边形,使用"附件列表"工具附加其它的模型。在弹出的附加选项对话框中选择"匹配材质 ID 到材质",如图 3.56 所示。

第 3 章　3ds Max 材质技术 · 137 ·

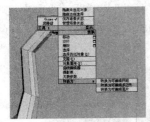  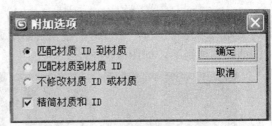

图 3.56　附加模型

(5) 进入点次物体级别，按【Ctrl+A】组合键选择全部的点，使用"焊接"工具焊接点，如图 3.57 所示。按【M】键打开"材质编辑器"，选择一个空白的材质球，使用"从对象拾取材质"工具，拾取场景内恐龙模型的材质，如图 3.58 所示。

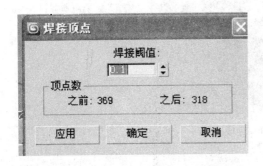 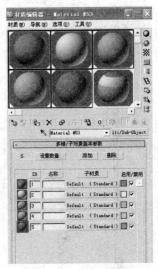

图 3.57　焊接点　　　　　　　　　　　　　图 3.58　拾取材质

(6) 点击 (修改)进入"修改"命令面板，为恐龙模型添加"UVW 展开"修改器，点击"参数"卷展栏下的编辑，打开"编辑 UVW"窗口，编辑恐龙的 ID。编辑完成后点击"工具"菜单下的渲染 UVW 模板，保存渲染的图，如图 3.59 所示。

 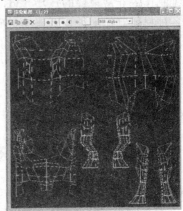

图 3.59　UVW 展开

(7) 使用 Photoshop 软件打开渲染好的 UV 图，绘制恐龙的贴图和凹凸贴图。绘制完成后将图贴入恐龙材质每一个 ID 的漫反射贴图通道下，将凹凸贴图贴入恐龙材质每一个 ID 的凹凸贴图通道下，如图 3.60 所示。

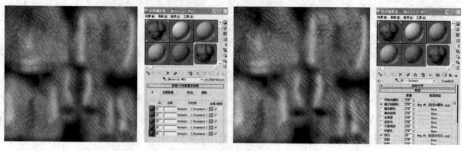

图 3.60　绘制恐龙的贴图

(8) 按【Shift+Q】组合键渲染模型，得到的渲染效果如图 3.61 所示。

图 3.61　完成的效果

本 章 小 结

好的模型还需要合适的材质配合，才能模拟出真实的物体或场景，如何给对象赋予材质是三维制作中非常重要的技巧。3ds Max 提供了复杂而精细的材质系统，可以通过这个系统搭配各种材质制作出千变万化的材质效果。通过本章的学习，可理解材质、贴图的概念，各种材质和贴图的类型、作用以及材质编辑器的使用方法。在实际制作中要学会变通，举一反三，灵活地使用各种材质。

习　　题

1. 简述在 3ds Max 中使用材质模拟物体反光的原理。
2. 分析材质与贴图的关系，它们能不能彼此分开而单独存在？
3. 常用的材质有哪些？分别应用在哪里？
4. 有哪些常用的贴图类型？它们各自有哪些特点？

第 4 章 3ds Max 灯光技术

学习目标

本章主要介绍标准灯光和光度学灯光两种灯光类型和高级灯光中的光跟踪器(Light Tracer)和光能传递(Radiosity)两种计算方式。通过本章的学习要求达到以下目标：
- 掌握灯光的类型及知识要点。
- 掌握标准灯光使用方法。
- 掌握光度学灯光使用方法。
- 掌握高级灯光：光跟踪器(Light Tracer)和光能传递(Radiosity)两种计算方式。
- 理解灯光在场景中起到的作用及知识重点。

4.1 灯光简介

3ds Max 中提供了两种类型的灯光：标准灯光和光度学灯光。所有类型在视图中都为灯光对象，它们使用相同的参数，包括阴影生成器。

标准灯光是基于计算机的模拟灯光对象，如家用或办公室灯、舞台和电影工作时使用的灯光设备和太阳光本身。不同类型的灯光对象可用不同的方法投影灯光，模拟不同种类的光源。和光度学不同，标准灯光不具有基于物理的强度值。

光度学灯光使用光度学值，使用户可以更精确地定义灯光，就像真实世界一样。用户可以设置它们的分布、强度、色温和其它真实世界灯光的特性，也可以导入照明制造商的特定光度学文件以便设计基于商用灯光的照明。

"太阳光和日光"系统可以使用系统中的灯光，该系统遵循太阳在地球上某一特定位置的符合地理学的角度和运动。用户可以选择位置、日期、时间和指南针方向，也可以设置日期和时间的动画。"太阳光和日光"系统适用于计划中的和现有结构的阴影研究。

4.2 标 准 灯 光

标准灯光是基于计算机的模拟灯光对象，它不具有基于物理的强度值。

标准灯光分为目标聚光灯、自由聚光灯、目标平行光、自由平行光、泛光灯、天光、mr 区域泛光灯和 mr 区域聚光灯八种类型的标准灯光对象，如图 4.1 所示。

图 4.1 "灯光"面板

1. 目标聚光灯

聚光灯像闪光灯一样投影聚焦光束,目标聚光灯使用目标对象指向摄像机。

当添加"目标聚光灯"时,3ds Max 将为该灯自动制定注视控制器,灯光目标对象制定为"注视"目标。可以使用"运动"面板上的控制器设置将场景中的任何其它对象制定为"注视"目标。初步了解目标聚光灯后,开始创建灯光。

(1) 打开场景,选择"创建"面板,选择 面板下标准层级下的 目标聚光灯 创建目标聚光灯。

(2) 在上视图中拖动鼠标。拖动的初始点是聚光灯的位置,释放鼠标的点就是目标位置,如图 4.2 所示。

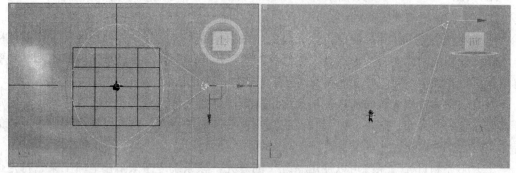

图 4.2 创建目标聚光灯

2. 自由聚光灯

与目标聚光灯不同,自由聚光灯没有目标对象,可以移动和旋转自由聚光灯使其指向任何方向。初步了解自由聚光灯后开始创建灯光。

(1) 打开场景,选择"创建"面板,选择 面板下标准层级下的 自由聚光灯 创建自由聚光灯。

(2) 在上视图中需要创建灯光的位置点击鼠标左键。现在灯光成为场景的一部分,在单击的视图中它的点背离用户。

(3) 移动和旋转或使用灯光视图调整灯光的方向,如图 4.3 所示。

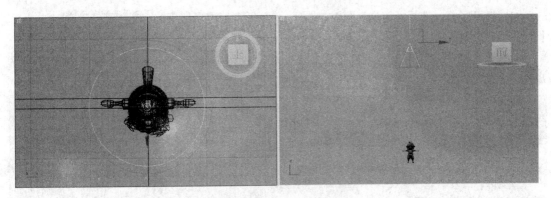

图 4.3 创建自由聚光灯

3. 目标平行光

目标平行光使用目标对象指向灯光。当太阳在地球表面投影(适用于所有时间)时,所有平行光以一个方向投影平行光线。平行光主要用于模拟太阳光,可以调整灯光的颜色和位置并在 3D 空间旋转灯光。

由于平行光线是平行的,所以平行光线呈圆形或矩形棱柱而不是圆锥体。

Mental Ray 渲染器认为所有的平行光都来自于无穷远,所以 3ds Max 场景中在直接灯光对象后面的对象也会被照明。另外,使用 Mental Ray 渲染器时,平行光不能生成区域阴影,而且也不使用光束明暗器(在 lume 库中)。初步了解目标平行光后开始创建灯光。

目标平行光使用目标对象指向灯光。

(1) 打开场景,选择"创建"面板,选择 面板下标准层级下的 目标平行光 创建目标平行光。

(2) 在前视图中点击左键拖动鼠标到达目标点位置释放鼠标。拖动的初始点是灯光的位置,释放鼠标的点就是目标位置。现在灯光成为场景的一部分,如图 4.4 所示。

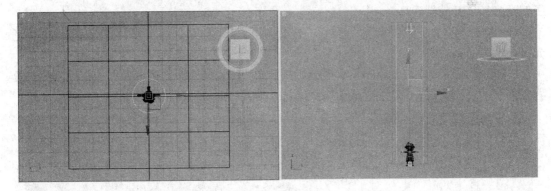

图 4.4 创建目标平行光

4. 自由平行光

与目标平行光不同,自由平行光没有目标对象。移动和旋转灯光对象以指向任何方向。

当在日光系统中选择"标准"太阳时,可使用自由平行光。初步了解自由平行光后开始创建灯光。

(1) 打开场景，选择"创建"面板，选择 面板下标准层级下的 自由平行光 创建自由平行光。

(2) 在上视图中点击左键创建灯光。现在灯光成为场景的一部分，在上视图中它的点背离用户，如图4.5所示。

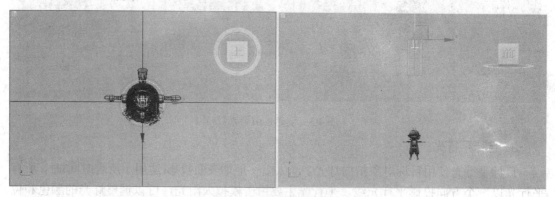

图4.5 创建自由平行光

5. 泛光灯

泛光灯从单个光源向各个方向投影光线。泛光灯用于将"辅助照明"添加到场景中，或模拟点光源。

泛光灯可以投影阴影和投影。单个投影阴影的泛光灯等同于六个投影阴影的聚光灯，投影方向从中心指向外侧。

当设置由泛光灯投影贴图时，投影贴图的方法与映射到环境中的方法相同。当使用"屏幕环境"坐标或"显式贴图通道纹理"坐标时，将以放射状投影贴图的六个副本。

泛光灯最多可以生成六个四元树，因此它们生成光线跟踪阴影的速度比聚光灯要慢，在实际应用中应避免将光线跟踪阴影与泛光灯一起使用，除非场景中有这样的要求。初步了解泛光灯后开始创建灯光。

(1) 打开场景，选择"创建"面板，选择 面板下标准层级下的 泛光灯 创建泛光灯。

(2) 在上视图中单击鼠标左键创建泛光灯。如果拖动鼠标，则可以在释放鼠标固定其位置之前移动灯光。现在灯光成为场景的一部分，如图4.6所示。

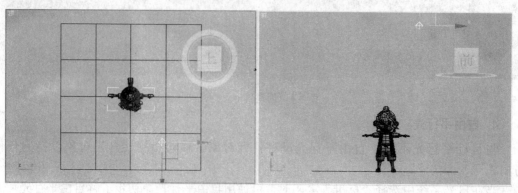

图4.6 创建泛光灯

6. 天光

天光用于建立日光的模型，意味着天光与光跟踪器一起使用，天光可以设置天空的颜色或将其指定为贴图。

当使用默认扫描线渲染器进行渲染时，天光与高级照明中光跟踪器或光能传递结合使用效果会更佳。

如果使用渲染元素输出场景中天光的照明元素，则该场景使用光能传递或光跟踪器，不可以分离灯光的直接、间接和阴影通道。天光照明的三个元素都输出到间接光通道。初步了解天光后开始创建灯光。

(1) 打开场景，选择"创建"面板，选择 面板下标准层级下的 天光 创建天光，如图 4.7 所示。

(2) "天光"的位置对对象不产生任何影响。"天光"对象是一个简单的辅助对象。天光总是发自"空中"。

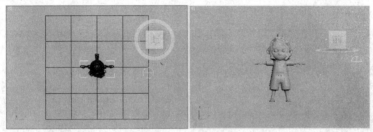

图 4.7 创建天光

7. mr 区域泛光灯

当使用 Mental Ray 渲染器渲染场景时，区域泛光灯从球体或圆柱体发射光线，而不是从点源发射光线。若使用默认的扫描线渲染器，区域泛光灯像其它标准的泛光灯一样发射光线。

由 3ds Maxscript 脚本创建和支持区域泛光灯，只有 Mental Ray 渲染器才可使用"区域光源参数"卷展栏上的参数。初步了解 mr 区域泛光灯后开始创建灯光。

(1) 打开场景，选择"创建"面板，选择 面板下标准层级下的 mr 区域泛光灯 创建 mr 区域泛光灯。在上视图中点击鼠标左键创建灯光。

(2) 在"区域灯光参数"卷展栏中设置区域灯光的形状和大小。当使用微调器调整区域灯光的大小时，Gizmo(默认情况下为黄色)将出现在视图中以显示调整大小。如果完成调整值的工作，Gizmo 将消失，如图 4.8 所示。

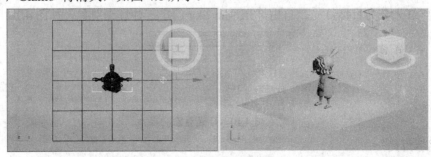

图 4.8 创建 mr 区域泛光灯

8. mr 区域聚光灯

当使用 Mental Ray 渲染器渲染场景时，区域聚光灯从矩形或碟形区域发射光线，而不是从点光源发射光线。若使用默认的扫描线渲染器，区域聚光灯将像其它标准的聚光灯一样发射光线。

区域灯光的渲染时间比点光源的渲染时间要长。要创建快速测试(或草图)渲染，可以使用"渲染设置"对话框的"公用参数"卷展栏中的"区域/线光源视作点光源"切换选项，以便加快渲染速度。初步了解 mr 区域聚光灯后开始创建灯光。

(1) 打开场景，选择"创建"面板，选择 面板下标准层级下的 mr 区域聚光灯 创建 mr 区域聚光灯。

(2) 在前视图中点击左键拖动鼠标到达目标点位置释放鼠标。拖动的初始点是灯光的位置，释放鼠标的点就是目标位置。

Mental Ray 渲染器将忽略聚光灯锥形，聚光灯目标位置确定区域灯光平面方向和投影方向，如图 4.9 所示。

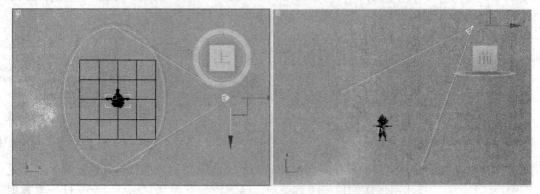

图 4.9 创建 mr 区域聚光灯

4.3 光度学灯光

光度学灯光基于光度学(光能)值，通过这些值可以更精确地定义灯光。用户可以根据光度学值创建具有各种分布和颜色特性的灯光，就像在真实世界一样，也可以导入照明制造商提供的特定光度学文件创建灯光。

光度学灯光使用"平方反比衰减"持续衰减，并依赖于使用实际单位的场景。

光度学灯光分为目标灯光、自由灯光、mr Sky 门户三种灯光对象，如图 4.10 所示。

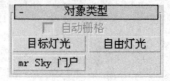

图 4.10 灯光对象

1. 目标灯光

目标灯光具有可以用于指向灯光的目标子对象。当添加目标灯光时，3ds Max 会自动为其指定注视控制器,且灯光目标对象指定为"注视"目标。用户可以使用"运动"面板上的控制器设置将场景中的任何其它对象指定为"注视"目标。初步了解目标灯光后开始创建灯光。

(1) 打开场景,选择"创建"面板,选择 面板下光度学层级下的 目标灯光 创建目标灯光。

(2) 在视图中拖动鼠标,拖动的初始点是灯光的位置,释放鼠标的点就是目标位置。现在灯光成为场景的一部分,如图 4.11 所示。

图 4.11　创建目标灯光

2. 自由灯光

自由灯光不具备目标子对象,可以通过"使用变换"瞄准它。初步了解自由灯光后开始创建灯光。

(1) 打开场景,选择"创建"面板,选择 面板下光度学层级下的 自由灯光 创建自由灯光。

(2) 在上视图中点击鼠标左键创建灯光。现在灯光成为场景的一部分。最初,在点击的视图中,它指向用户的相反方向(沿视图的负 Z 轴向下),如图 4.12 所示。

图 4.12　创建自由灯光

3. mr Sky 门户

mr(mental ray)天空门户对象提供了一种聚集内部场景中现有天空照明的有效方法,无需进行高度"最终聚集"或"全局照明"设置(这会使渲染时间过长)。实际上,门户就是一个区域灯光,可从环境中导出其亮度和颜色。初步了解 mr Sky 门户灯光后开始创建灯光。

(1) 打开场景，选择"创建"面板，选择 面板下光度学层级下的 mr Sky 门户 创建 mr Sky 门户灯光，如图 4.13 所示。

(2) 将太阳光日光对象更改为 mr 太阳，并将天光对象设置为 mr 天空。

为获得最佳效果，应确定太阳位置，使其不会直接照射到内部或将其关闭。否则，直接光照明会淹没入口处的间接光照明，尤其在使用"最终聚集"或"全局照明"时。

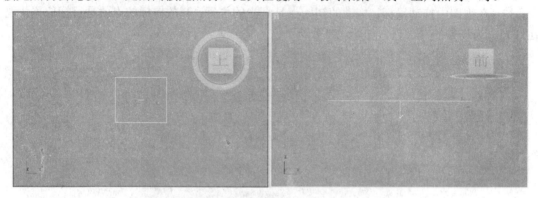

图 4.13　创建 mr Sky 门户

4.4　高级灯光

高级灯光在 3ds Max 中主要包含两种方式：光跟踪器(Light Tracer)和光能传递(Radiosity)。光跟踪器技术是一种使用了光线跟踪技术的全局照明系统，能计算出光线的反弹效果，十分适合室外场景的表现，在模拟室外光线漫反射方面效果十分真实，所以光跟踪器技术为 3ds Max 的户外照明提供了很好的解决方案。光能传递是一种新的光线求解方式，它能提供十分真实的照明效果。早期的光能传递技术是应用在 Lightscape 中的，后来被移植到 VIZ4 中，现在又被引入到 3ds Max 中来，光能传递能计算出场景中光线在物体表面的反弹和物体间的颜色反弹效果，从而真实地再现了逼真的光线效果。和光跟踪器不同，光能传递主要应用在室内照明方面，为 3ds Max 提供了完整有效的室内照明解决方案，它在室内建筑效果制作效果方面有着很重要的价值。

1. 光跟踪器

光跟踪器是使用了光线跟踪方式的全局照明系统，它是基于采样点进行计算的，每个采样点都可以随机放射出一定量的管线对环境进行检测，碰到物体的光线形成光被添加到采样点上，没有碰到物体的光线则被看做是天光效果处理，所以光跟踪器能很好地表现出天光的效果。原来要表现天光效果一般需要繁琐的阵列灯光来照明，或者是利用高级渲染插件来完成，现在只需要使用光跟踪器即可完成，十分方便而且效果也很不错。

(1) 重置 3ds Max 场景，打开配套光盘中的"光跟踪器.max"文件，如图 4.14 所示。

(2) 给场景添加灯光。光跟踪器可以结合标准灯光来进行照明，给场景添加天光，天光可以在视图中的任意位置建立，不会影响到最终的效果。

(3) 打开"渲染设置"面板，进入"高级照明"设置，在面板下选择"光跟踪器"方式，如图 4.15 所示。

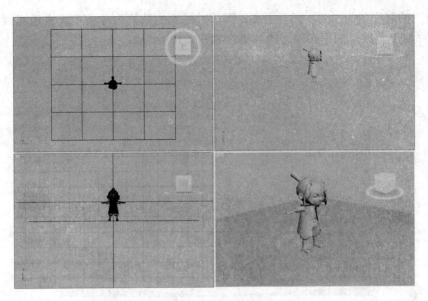

图 4.14 测试场景

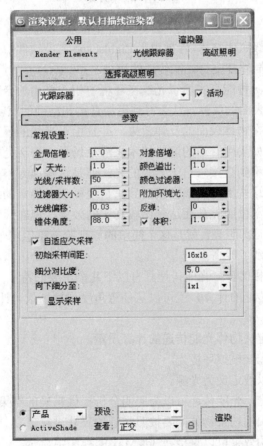

图 4.15 "高级照明"面板

参数面板中的"反弹"、"光线/采样数"会影响渲染时间,所以参数不能盲目地提高,要根据需要来设置,调大过滤器数值可以消除黑斑等不良效果。最终渲染时可以设置"光线/采样数"的取样值为 250,或者更高,调节过滤器的数值为 1 左右,并适当调节灯光的强度,这样渲染可以达到比较理想的效果,如图 4.16 所示。

图 4.16　渲染效果

2. 光能传递

光能传递是一种高级照明技术,曾被用于 Lightscape 渲染软件中,后来被引入到 3ds Max 中,很多 3ds Max 渲染插件都支持光能传递的渲染。

光能传递其实就是一种能真实模拟光线在环境中相互作用的全局照明渲染技术,它能表现自然光在场景物体表面的反弹,从而得到更加真实和精确的照明结果。说得简单一点,光能传递就是计算光线在物体表面的反弹效果,并且由于光线的反弹而产生场景物体光色上的相互影响。例如,如果用普通的渲染技术来渲染场景,那么处在阴影中的地方是全黑的,由于遮挡,它接受不到直接来自于光源的光,但是这些地方不会是全黑的,光在真实世界中是没有死角的,这些地方应该会接受到来自地板或者墙壁的反射。以往只能通过在环境中补光把这些黑的部位照亮从而达到比较真实的效果,现在运用光能传递技术,不需要补充光源就能把这些暗部照亮。就是这个简单的原理给三维照明带来了真实光效的革命,使三维光效的真实性得到了提高。

与普通的渲染技术相比较,光能传递具有以下几个主要的特点:

(1) 一旦完成光能传递的计算,就可以从任意角度观察场景,计算的结果也保存在 3ds Max 文件中。

(2) 可以方便地自定义物体光能传递的计算质量。

(3) 不需要附加灯光来模拟环境光。

(4) 自发光物体可以被定义为光源。

(5) 配合光度学灯光,光能传递可以为照明分析提供精确的结果。

(6) 光能传递计算中的场景物体需要按照实际的尺寸进行建立。

(7) 光能传递计算的效果可以直接在 3ds Max 的视图中显示。

① 建立一个简单的小场景,设置场景单位为厘米,模拟真实尺寸,如图 4.17 所示。

② 在场景中创建灯光,进入"灯光设置"面板,在菜单里选择"光度学灯光"类型,

建立自由点光源灯光。

③ 移动灯光到 BOX 顶部。

图 4.17 创建测试场景

④ 渲染场景会是一片黑，因为灯光初始值强度较低，选择"灯光"选项，将"强度/颜色/衰减"面板下的强度值调大，并开启阴影，选择光线跟踪的阴影方式。

⑤ 还可以通过"曝光控制"加亮场景，打开"环境"编辑器或按下快捷键【8】，在"曝光控制"面板下选择"线性曝光控制"，通过调节曝光的亮度设置调亮场景，如图 4.18 所示。

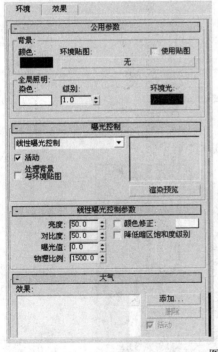

图 4.18 测试效果

⑥ 关闭"曝光控制"，打开"渲染设置"面板，进入"高级照明"面板，选择"光能传递"选项，如图 4.19 所示。

⑦ 在"光能传递处理参数"面板中按下开始键，对场景进行光能传递的计算。

⑧ 打开光能传递"网格传递"卷展栏，勾选"启用"选项，这样可以打开光能传递的模型细分处理，细分值越小，细分程度就越高，那么得到的计算效果就越好，当然越高的细分也会带来越长的渲染计算时间。

光能传递的效果中会有黑斑出现，可以通过加大过滤值来防止黑斑的出现，当然过滤值也不能设得太高，一般情况下设置为4，这样渲染结果就比较完善了，如图4.20所示。

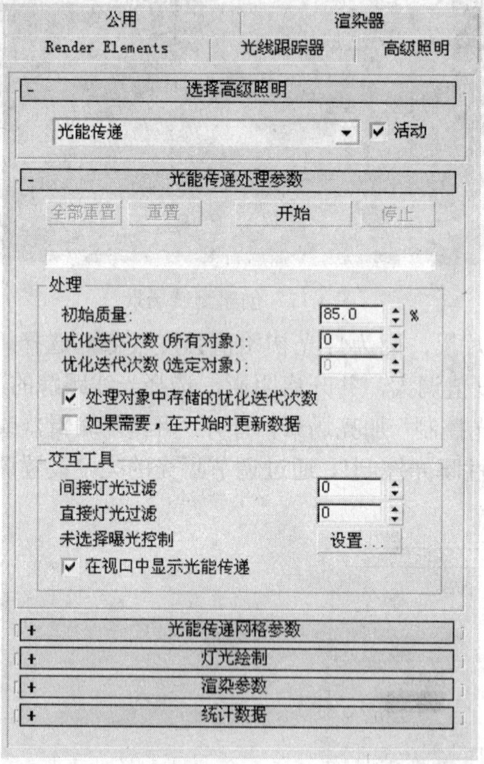

图4.19 光能传递选项

图4.20 渲染效果

要得到更为精确的光能传递渲染结果,一般可以通过加大模型的网格细分来实现,或者通过光能传递再聚集的方式得到最佳的光能传递结果,如图 4.21 所示。

"每采样光线数"的值控制着再聚集计算的取样,其值越高效果会越好,计算时间也会越长。"过滤器半径"的值控制着场景中的黑斑模糊,在使用再聚集算法后,过滤值将不会起作用,需要通过过滤器半径的值来处理场景黑斑。

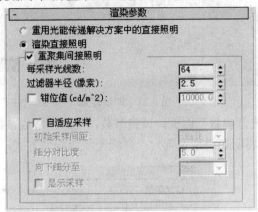

图 4.21 "渲染参数"设置

4.5 应用案例

(1) 重置 3ds Max 场景,打开配套光盘中的"灯光场景-开始.max"文件,如图 4.22 所示。

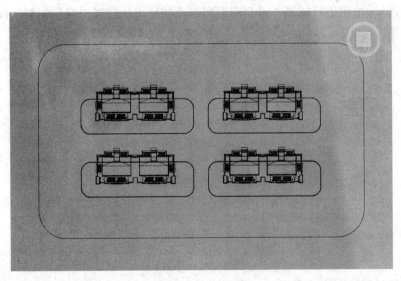

图 4.22 测试场景

(2) 为场景创建灯光,切换到上视图,打开"创建"面板,选择 面板下标准层级下的 目标聚光灯 创建目标聚光灯作为主光源,并使用 命令调整灯光位置,如图 4.23 所示。

图 4.23 创建灯光

(3) 打开"目标聚光灯参数"面板,调整参数,勾选"常规参数"面板下的"阴影"启用选项,开启阴影,并将阴影类型设置为"高级光线跟踪"方式,如图 4.24 所示。

图 4.24 聚光灯阴影

(4) 点击 按钮进行渲染,看到阴影和暗面的地方比较黑,我们需要继续调节灯光参数使阴影正常,如图 4.25 所示。

图 4.25 渲染效果

(5) 给场景添加一个天光光源,并打开"高级照明光跟踪器",设置一个比较低的渲染参数,如图 4.26 所示。

(6) 再次渲染,阴影的地方不是全黑了,但是场景明显曝光,如图 4.27 所示。

图 4.26　天光照明

图 4.27　渲染效果

(7) 曝光是由于主灯和天光强度参数过高造成的，适当调节灯光的强度参数，使场景亮度正常，如图 4.28 所示。

图 4.28　渲染效果

(8) 选择场景中的主光源——目标聚光灯,打开"强度/颜色/衰减"卷展栏,将灯光的颜色设置为淡黄色,如图 4.29 所示。

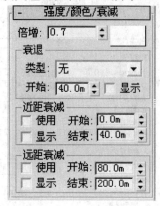
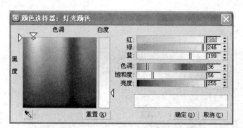

图 4.29 主光灯颜色

(9) 参数调整完毕,点击 再次渲染,如图 4.30 所示。

图 4.30 渲染效果

(10) 真实世界中有亮面就有暗面,亮面为暖色调,暗面为冷色调,冷光源作为场景的辅助灯光。在上视图和主光源相向的方向创建泛光灯作为冷光源,并通过 移动命令调节冷光源的位置,如图 4.31 所示。

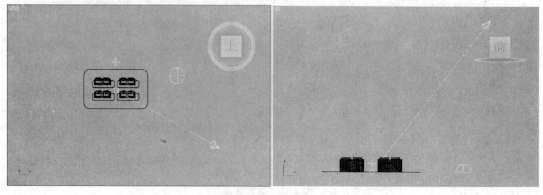

图 4.31 创建辅助灯光

(11) 设置泛光灯参数,如图 4.32 所示。

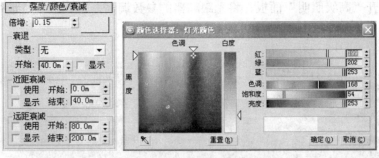

图 4.32 辅助灯光参数

(12) 一般情况下由一个主光源照明的场景,场景中的没有被照到的面都会比较暗,我们可以通过补光的方法将暗面亮度提高。将泛光灯关联复制三个并将其放置于图中所示的位置。在建筑底下的泛光灯主要用于照亮场景的底面,灯光关联复制有利于调节相同的参数,如图 4.33 所示。

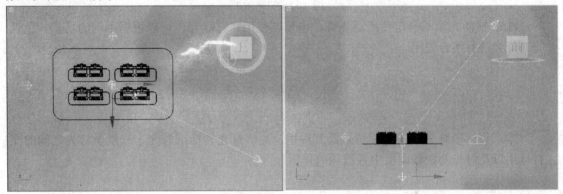

图 4.33 创建辅助灯光

(13) 除主光源外,将新添加的光源的色调都调节成偏冷的蓝色,场景中不同位置的冷光源,其参数是不一样的,强度、颜色等参数要根据分布的位置调节。2 号泛光灯(上视图左边)冷色调减淡,强度减小,3 号泛光灯(上视图下方)冷色调加强,强度加大,渲染如图 4.34 所示。

图 4.34 渲染效果

(14) 根据场景的需要可以微调各个灯光的参数，同时通过渲染观察灯光效果直至完美。调整完成后打开"高级照明"面板，将光跟踪器的参数调高，正式渲染，最终渲染效果如图 4.35 所示。

图 4.35　渲染效果

(15) 辅助光源不一定使用泛光灯，也可以使用其它灯光，可以根据不同的场景、色调等对灯光进行组合使用。

本 章 小 结

本章讲解了灯光的种类、特点及其应用，高级灯光和标准灯光、光度学灯光之间的配合运用以及灯光的参数面板中各选项的作用。

习　　题

1. 高级灯光和其他灯光之间如何配合运用？
2. 光跟踪器最适用于什么场景？
3. 光能传递最适用于什么场景？
4. 怎么制造出白天的灯光效果？
5. 怎么制造出晚上的灯光效果？

第 5 章 3ds Max 摄影机

学习目标

本章介绍两种类型的摄影机，并对其常用参数进行讲解。通过本章的学习应该达到以下目标：
- 了解两种摄影机的不同特点。
- 掌握摄影机的创建方法。
- 掌握摄影机参数的调整与修改。

5.1 摄影机简介

摄影机能够从特定的观察点表现场景，根据摄影机的角度不同，由同一个场景可得到不同的画面。通过改变摄影机的位置和参数设置，还可以模拟现实世界中的静止图片、运动图片和视频图像。

5.1.1 摄影机的创建

在 3ds Max 中，一般摄影机的创建有两种方法：
(1) 在"创建"面板上单击摄影机图标，然后选择适合的摄影机，"创建"面板如图 5.1 所示。

图 5.1 摄影机"创建"面板

(2) 在"创建"菜单的下拉菜单中选择适合的摄影机，"创建"菜单如图 5.2 所示。
通常情况下多用"创建"面板来创建摄影机。

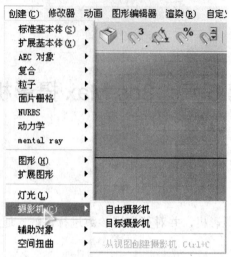

图 5.2 摄影机"创建"菜单

5.1.2 摄影机对象

在 3ds Max 中存在两种类型的摄影机对象：目标(Target)摄影机和自由(Free)摄影机，如图 5.3 所示。

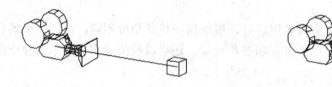

(a) 目标摄影机　　　　　　　　　(b) 自由摄影机

图 5.3　目标摄影机和自由摄影机

(1) 目标摄影机。在创建目标摄影机时，会看到两部分的图标，分别表示摄影机及其目标(一个白色方盒)，如图 5.4 所示。目标摄影机始终面向其目标，一旦目标点确定，在场景中任意改变摄影机的位置，在摄影机视图中都会显示以目标点所指的对象为中心的内容。目标摄影机比自由摄影机更容易定向，因为它只需将目标点定位在所需对象位置的中心上。

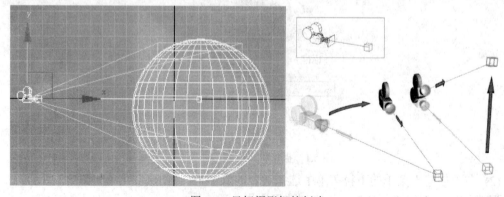

图 5.4　目标摄影机的创建

(2) 自由摄影机。在创建自由摄影机时，只能看到一个图标即摄影机，没有目标点，如图 5.5 所示。自由摄影机可以不受限制地移动和定向，能够任意移动、旋转及倾斜，与现实中的摄影机十分相像。当制作一个沿路径进行的漫游动画时，使用自由摄影机会更加方便。

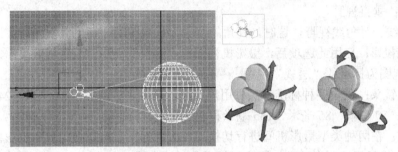

图 5.5　自由摄影机的创建

5.2　摄影机的重要参数

摄影机创建后就被指定了默认的参数，但是在实际中我们经常需要改变这些参数。可以在摄影机的"修改"面板中的"参数"卷展栏中改变摄影机的参数，如图 5.6 所示，下面介绍公用摄影机参数。

图 5.6　公用摄影机"参数"卷展栏

(1) 镜头：以毫米为单位设置摄影机的焦距。
(2) 视野：决定摄影机查看区域的宽度。
(3) "视野"(FOV)方向弹出按钮：可以选择视野(FOV)值。

↔ 水平(默认设置)：水平视野是设置和测量 FOV 的标准方法。

↕ 垂直：垂直视野。

↗ 对角线：对角线视野，这时，视角的范围为从视图的一角到其对角。

(4) 正交投影：启用此选项后，摄影机视图像"用户"视图，无透视效果；禁用此选项后，摄影机视图为标准的"透视"视图。

(5) 备用镜头：预设多种标准镜头供用户选择，包括 15 毫米、20 毫米、24 毫米、28 毫米、35 米、50 毫米、85 毫米、135 毫米和 200 毫米。

(6) 类型：在两种类型摄影机间进行切换。当从目标摄影机切换为自由摄影机时，将丢失应用于摄影机目标的所有动画，因为目标对象已消失了。

(7) 环境范围：该选项组中的"近距范围"和"远距范围"用于确定环境的近距范围和远距范围限制。

显示：用于显示在摄影机的锥形视野内代表"近距范围"和"远距范围"设置的矩形。

(8) 剪切平面：设置该选项组来定义剪切平面，在视图中，剪切平面在摄影机锥形框线内显示为红色的矩形，并带有对角线。

手动剪切：启用该选项可定义剪切平面；禁用此选项后，不显示近于摄影机距离 3 个单位的几何体。要覆盖该几何体，请使用"手动剪切"选项。

"近距剪切"和"远距剪切"用于设置近距和远距平面。对于摄影机，比近剪切平面近或比远距剪切平面远的对象是不可见的。"远距剪切"值的限制为 10 到 32 之间。启用"手动剪切"后，近距剪切平面可以接近摄影机 0.1 个单位。

(9) 多过程效果：该组选项用于指定摄影机的"景深"或"运动模糊"效果。当自由摄影机生成时，通过使用"偏移"以多个通道渲染场景，这些效果将生成模糊，它们会增加渲染时间。

"景深"和"运动模糊"效果相互排斥，由于它们基于多个不同的渲染通道，故同时应用于同一个摄影机会使速度慢得惊人。如果想在同一个场景中同时应用"景深"和"运动模糊"，则应使用多通道景深并将其与对象运动模糊组合使用。

启用：使用该选项后，使用效果预览或渲染；禁用该选项后，不渲染该效果。

预览：单击该选项可在活动摄影机视图中预览效果，如果活动视图不是摄影机视图，则该按钮无效。

"效果"下拉列表：使用该选项可以选择生成哪个多重过滤效果("景深"或"运动模糊")。这些效果相互排斥，默认设置为"景深"。使用该列表可以选择景深，其中可以使用 Mental Ray 渲染器的景深效果。

渲染每过程效果：启用此选项后，如果指定任何一个过程，则将渲染效果应用于多重过滤效果的每个过程(景深或运动模糊)。禁用此选项后，将在生成多重过滤效果的通道之后只应用渲染效果，默认设置为禁用。禁用"渲染每过程效果"可以缩短多重过滤效果的渲染时间。

5.3 应用案例

(1) 制作摄影机漫游动画效果。打开光盘中"角色.max"场景文件。

(2) 在顶视图中拖动鼠标创建一个目标摄影机,右键单击透视图,按下【C】键,将透视图切换为摄影机视图,其位置、参数如图 5.7 所示。

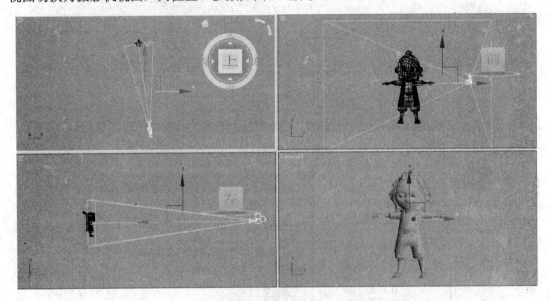

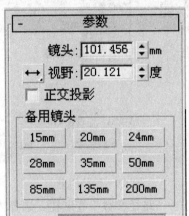

图 5.7 目标摄影机创建及参数修改

(3) 在顶视图中创建一个圆形作为摄影机路径,其大小、位置及与摄影机的关系如图 5.8 所示。

(4) 选择摄影机,在命令面板中选择 ⊙ 按钮,打开"指定控制器"卷展栏,选择"位置"选项并点击左上角的问号,弹出"指定位置控制器"对话框,选择"路径约束"选项,点击"确定"按钮,操作如图 5.9 所示。

图 5.8 创建路径

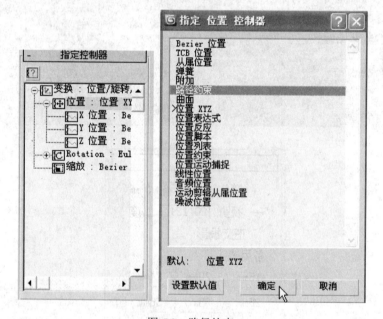

图 5.9 路径约束

(5) 在右边的命令面板中打开"路径参数"卷展栏,选择"添加路径"按钮,如图 5.10 所示,并在任意视图中选择创建好的圆形。

图 5.10 添加路径

(6) 激活摄影机视图,点击 ▶ 按钮,摄影机将以角色为中心,以圆为路径进行旋转动画,最终效果见"角色 .avi"文件。

本 章 小 结

本章主要对摄影机进行了简单的介绍，使大家了解了摄影机的类型以及摄影机的创建方法，重点学习了摄影机参数的调整与修改，并通过简单实例使大家学会一般摄影机的架设方法，并能够熟练地运用。

习　　题

1. 摄影机有几种类型？它们之间有什么区别？
2. 摄影机的创建有哪几种方法？
3. 如何显示摄影机的环境范围？

第 6 章 3ds Max 渲染

学习目标

本章重点介绍 3ds Max 自带的 Scanline Renderer(扫描线渲染器)和 Mental Ray 渲染器。通过本章的学习要求达到以下目标：
- 理解 Scanline Renderer(扫描线渲染器)设置面板的参数概念。
- 熟练掌握 3ds Max 默认渲染器 Scanline Renderer(扫描线渲染器)的渲染方法。
- 掌握 Mental Ray 渲染器的渲染方法。

6.1 3ds Max 渲染简介

渲染用于图形或视频格式文件的输出。场景创建完成后，需要通过渲染才能得到最终的作品，所以对三维动画设计软件而言，渲染技术非常重要。3ds Max 2009 可支持网络渲染功能，可以通过多台计算机网络协作完成渲染，从而缩短了渲染所用的时间。

6.2 渲染器简介

3ds Max 渲染是靠渲染器完成的。除了软件系统自带的 Scanline Renderer(扫描线渲染器)、Mental Ray 渲染器和 VUE 文件渲染器之外，还可以使用第三方公司开发的外挂渲染器，如 Brazil、Vray、Renderman 等。这些渲染器各有特点，适应于不同的应用领域。渲染器的选择及参数设置对渲染效果和工作效率会产生很大的影响。目前，三维动画技术发展的一个瓶颈就是渲染问题。渲染往往需要昂贵的硬件设备，耗费大量的渲染时间，网络渲染技术的出现，使这个问题有所改善。

6.2.1 Scanline Renderer(扫描线渲染器)简介

扫描线渲染器是 3ds Max 的默认渲染器，该渲染器以逐条水平线渲染的方式完成场景的渲染。扫描线渲染器可以渲染光线跟踪和光能传递，也可以渲染到纹理("烘焙"纹理)，适用于游戏引擎准备场景。该渲染器的特点是渲染速度快，但不支持光度学灯光等新技术，渲染精度较低。在只有标准灯光的场景中，选用默认扫描线渲染器效果较好。

6.2.2 Mental Ray 渲染器简介

Mental Ray 是世界顶级的渲染器，它被广泛应用于三维动画、视觉特效、电影特技、建筑建模、产品可视化等领域。Mental Ray 可以生成高质量、真实感强的图像，在《星球大战》、《绿巨人》、《骇客帝国》等影视制作中都有使用。Mental Ray 在早期的 3ds Max 版本中是以插件的形式出现的，只能提供很有限的功能，到了 3ds Max 6.0 版本，开始把 Mental Ray 3.2 版本整合到了 3ds Max 内部。

3ds Max 2009 中的 Mental Ray 在增强操控性的同时，新增加了 ProMaterials 材质和特殊的 Environment 系列材质。前者可以说是以前版本中 Arch/Design 材质的增强版，可以实现更为真实的，诸如金属、石料、玻璃等材料；后者则使 3ds Max 在制作虚拟场景和真实场景结合方面更加游刃有余，使用特殊的 Environment 材质可以在非全景背景的环境中生成完美的反射，光照控制也会变得更加地自由灵活。

6.2.3 VUE 文件渲染器简介

VUE 文件渲染器是一种特殊用途的渲染器，可以把渲染效果输出到一个 VUE 文件中。VUE 文件中可以包含多个帧，并且可以指定变换、照明和视图的更改。

当以产品级别渲染场景并使用 VUE 文件渲染器时，渲染对话框中的标签面板共有 4 个，其中"公用"、"光线跟踪器"和"高级照明"三个标签面板在扫描线渲染器也有，而该渲染器标签面板包含了其特有的参数，即"VUE 文件渲染器"卷展栏，如图 6.1 所示。使用此卷展栏可以创建一个 VUE(.vue)渲染文件。VUE 文件是可以编辑的 ASCII 格式的文本文件，它包括了设置渲染场景的一些脚本命令。

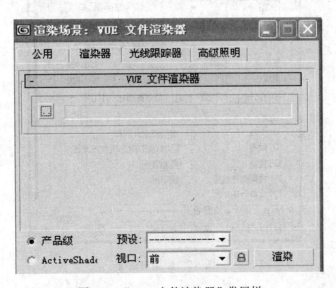

图 6.1 "VUE 文件渲染器"卷展栏

单击"VUE 文件渲染器"下方的按钮打开一个对话框，为 VUE 文件指定路径和文件名，其后的文本框中显示 VUE 文件路径和文件名。

6.3 渲染对话框

渲染对话框用于对渲染参数的设置，是 3ds Max 控制渲染的主要工具，渲染参数设置是否恰当，对渲染效果和所耗费的渲染时间有很大的影响。

可以通过下列三种方法打开渲染对话框：

① 在菜单栏执行"渲染"/"渲染"命令；
② 单击主工具栏上的 按钮；
③ 按快捷键【F10】。

渲染对话框如图 6.2 所示，它由多个命令面板组成，其中部分面板固定不变，显示公共参数，部分面板随渲染器的不同而有所改变。

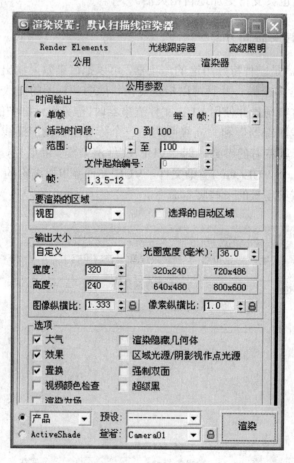

图 6.2 渲染对话框

6.3.1 渲染设置"公用"选项卡

"公用"选项卡是所有渲染器共享设置的面板，如图 6.3 所示。

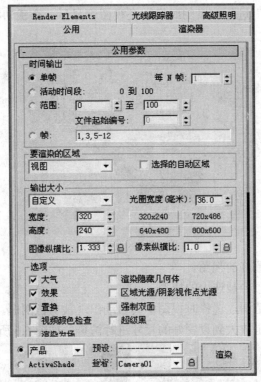

图 6.3 "渲染设置"面板

1. "公用参数"卷展栏

(1) "时间输出"选项组,可以设置输出动画的时间长度。

单帧:只对当前帧进行渲染,得到静帧图像。

活动时间段:对当前活动的时间段进行渲染,当前时间段依据屏幕下方时间滑块的设置状态,渲染结果可以是一个视频文件,也可以是一个图像序列帧。

范围:指定渲染范围,包括起始帧号和终止帧号。

帧:指定单帧或时间段进行渲染,单帧用","号隔开,时间段起止帧之间用"-"连接,例如 1,5,7-10 表示第 1 帧,第 5 帧,第 7 到 10 帧。

每 N 帧:在活动时间段中设置间隔多少帧渲染一帧,例如输入 3,表示每隔 3 帧渲染 1 帧,即 1,4,7 等帧参与渲染。对于较长时间的动画,采用这种方式来简略观察动作是否完整,可大大缩短渲染时间。

文件起始编号:设置起始帧保存的文件序号,当输出序列帧时起作用。

(2) "要渲染的区域"选项组,可以设置渲染的范围,如图 6.4 所示。

图 6.4 设置渲染的范围

区域：选择"区域"进行渲染的时候会在视图中显示一个裁切框，框内为选定的渲染区域，如图6.5所示。

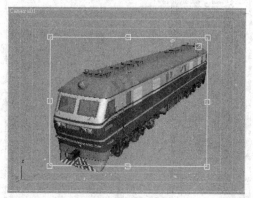

图6.5 区域渲染

视图：渲染当前设置好的视图。
选定对象：渲染场景中被选中的模型。
裁剪：渲染裁剪的范围，选择时视图中会自动出现裁剪范围框。
放大：将选中的范围放大到设置好的尺寸进行渲染，如图6.6所示。

图6.6 放大渲染

(3) "输出大小"选项组，该选项组可以设置输出画面的大小。
自定义列表：列出了一些其它的固定尺寸以便有需求的用户使用，"宽度"和"高度"在自定义下可以由用户自行设置，如图6.7所示。
图像纵横比：即图宽度和高度的比值，点击其右边的按钮可以锁定图像纵横比。
像素纵横比：用于修正图像。在不同的显示设备中，成像的最小单位像素的长宽比是不一样的，有时候在一台电脑上渲染出来的图像，在另一台电脑上显示时会发生挤压变形，这时可以通过调整像素纵横比来修正图像。
光圈宽度：用于指定渲染输出的摄影机光圈宽度，更改此值将更改摄影机的镜头值，这将影响镜头值和FOV值之间的关系，但不会更改摄影机场景的视图。

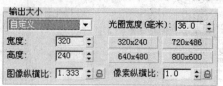

图6.7 设置输出大小

(4)"选项"选项组,该选项组可以对一些效果进行开关设定,如图 6.8 所示。

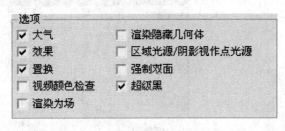

图 6.8 效果设置开关

大气:用于控制场景中设置的大气效果是否参与渲染,大气效果有体积雾、体积光等。

效果:用于控制场景中设置的特效是否参与渲染,特效包括运动模糊、镜头效、镜头光晕、辉光等。

置换:控制是否对场景中的置换帖图进行渲染。

视频颜色检查:检查渲染的图像中的像素的颜色有没有超过 NTFC 制式或 PAL 制式电视的阈值,如有超出则将超出的值转化为合理的范围值。

渲染为场:设置渲染到场。在电视上播放的动画要勾选此参数,否则电视画面会出现抖动现象。

渲染隐藏几何体:是否渲染隐藏的模型。

区域光源/阴影视作点光源:将所有的区域光源或阴影当作从点对象发出进行渲染,这样可以加快渲染速度。这对草图渲染非常有用,因为点光源的渲染速度比区域光源快很多。该切换不影响带有光能传递的场景,因为区域光源对光能传递解决方案的性能影响不大。

强制双面:渲染模型的法线正反面。

超级黑:为进行视频压缩而对几何体渲染的黑色进行限制。

(5)"高级照明"选项组,可以对高级照明进行开关设置。

"高级照明"选项在默认状态下是开启的,要设置参数则需要通过高级照明系统控制面板进行设置,如图 6.9 所示。

(6)"位图代理"选项组,可以减少帖图对内存的消耗,加快渲染速度,"位图代理"常常在草图阶段使用,如图 6.10 所示。

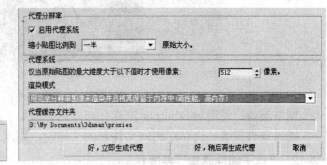

图 6.9 "高级照明"设置　　　　　　图 6.10 "位图代理"设置

(7)"渲染输出"选项组,可以对动画的输出进行设置,如图 6.11 所示。

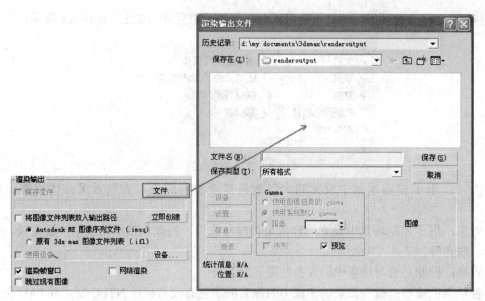

图 6.11 "渲染输出"设置

保存文件：设置文件的保存格式，一般情况有两种类型：一种是动画文件；另外一种是静帧的图像。目前广播级别的电视或是电影制作都要求使用逐帧渲染单帧图像方式进行动画输出，最后将这些序列帧通过后期软件进行合成。输出时系统会自动为每个单帧图像加上 0001、0002 等的序列后辍名。

渲染帧视图：在渲染时显示一个渲染视图，在其面板上显示出图像的渲染情况，如图 6.12 所示。

图 6.12 渲染视图

网络渲染：使用 backburner 进行分布式网络渲染。

跳过现有图像：当存在相同文件名的文件时，则跳过同名文件不保存。

2. "电子邮件通知"卷展栏

使用此卷展栏可使渲染作业发送电子邮件通知，如网络渲染那样。如果启动冗长的渲染(如动画)，并且不需要在系统上花费所有时间，这种通知是非常有用的，如图 6.13 所示。

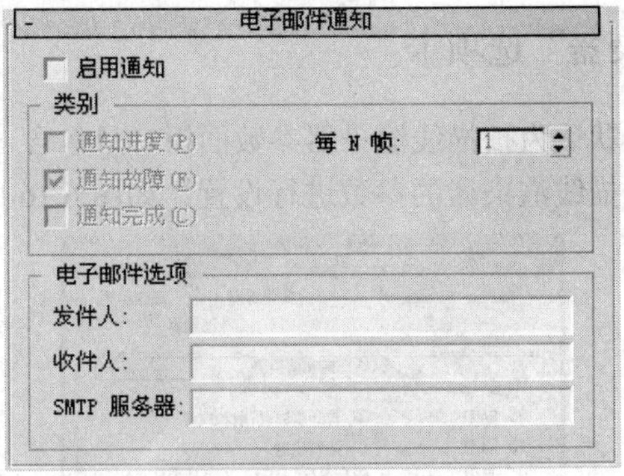

图 6.13 电子邮件通知

启用通知：开启此选项后，渲染器将在某些事件发生时以发送邮件的方式进行通知。

(1) "类别"选项组。

通知进度：以电子邮件方式发送当前渲染的进度。

通知故障：当渲染出现错误时以电子邮件的方式发送通知。

通知完成：当渲染完成时，发送电子邮件通知。

(2) "电子邮件选项"选项组。

收件人：输入启动渲染作业的用户的电子邮箱地址。

发件人：输入需要了解渲染状态的用户的电子邮箱的地址。

SMTP 服务器：输入作为邮件服务器使用的系统的数字 IP 地址。

3. "指定渲染器"卷展栏(如图 6.14 所示)

点击"指定渲染器"按钮可以对渲染器进行选择。在默认状态下系统自动指定扫描线渲染器。3ds Max 自带的渲染器有扫描线渲染器、Mental Ray 渲染器和 VUE 文件渲染器。如果安装了第三方渲染插件，在选择渲染器对话框中也可以选择所需渲染器，如图 6.15 所示。

图 6.14 指定渲染器

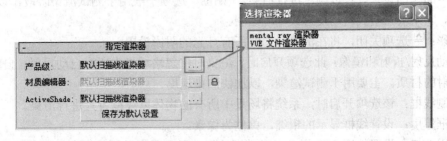

图 6.15 选择渲染器

6.3.2 渲染设置"渲染器"选项卡

"渲染器"选项卡，默认为扫描线渲染器参数面板，只包含一个"默认扫描线渲染器"卷展栏，可用于对默认扫描线渲染器的参数进行设置，如图 6.16 所示。

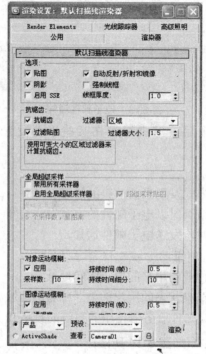

图 6.16 "渲染器"面板

"默认扫描渲染器"卷展栏：
(1) "选项"选项组，如图 6.17 所示。

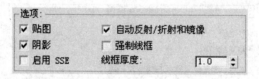

图 6.17 "选项"选项组

贴图：控制渲染时是否渲染贴图。默认状态为开启，如果将它关闭，将会在渲染时忽略材质中的贴图设置，只以颜色进行渲染。"贴图"选项一般用于测试渲染阶段，以加快渲染速度。它不会影响到自动反射或环境贴图。

阴影：若选项关闭，将在渲染时忽略所有灯光的阴影设置。

自动反射/折射和镜像：此选项开启时，渲染时将忽略场景中所有自动反射、自动折射、镜面反射的材质。主要用于测试渲染，以加快渲染速度。

强制线框：该选项开启时，系统将场景中所有的物体以线框方式进行渲染。

线框厚度：设置线框显示的粗细，单位为像素。

启用 SSE：设置使用 SSE 指令，对模糊渲染效果和阴影贴图效果会有显著的提升。

(2)"抗锯齿"选项组,如图 6.18 所示。

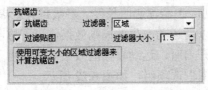

图 6.18 "抗锯齿"选项组

抗锯齿:对物体边缘进行抗锯齿处理,用来消除锯齿边缘,产生光滑的过渡边界。测试渲染时可以将该选项关闭,加快渲染速度。

过滤器:在下拉列表中有多种抗锯齿过滤器可供选择,可根据图像输出的需要进行选择。

过滤帖图:对贴图材质所贴的图像进行过滤处理。测试渲染时可以将其关闭,以加快渲染速度。

过滤器大小:设置抗锯齿的程度,通常将其值设置为 1.5,设置过高的值会导致图像模糊。

(3)"全局超级采样"选项组,如图 6.19 所示。

图 6.19 "全局超级采样"选项组

禁用所有采样器:禁用所有的超级采样。

启用全局超级采样器:开启该选项时可以打开全局采样的设置,在下拉列表中有多种全局采样方式可供选择。

(4)"对象运动模糊"选项组,如图 6.20 所示。

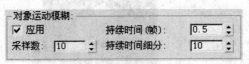

图 6.20 "对象运动模糊"选项组

应用:开启该选项时,系统将渲染场景所有设置为"对象模糊"的物体。

采样数:设置模糊是由多少个物体的重复而成。参数还与"持续时间细分"细分的值有关。

持续时间(帧):设置模糊虚影的值。参数越大,虚影越长。

持续时间细分:设置持续时间(帧)的细分值。

(5)"图像运动模糊"选项组,如图 6.21 所示。

图 6.21 "图像运动模糊"选项组

应用：开启此选项时，系统将渲染场景中所有设置为"图像模糊"方式的物体。

持续时间(帧)：设置运动产生的虚影的长度。参数越大，虚影越长。

透明度：开启此选项可以使运动产生的模糊效果作用于透明物体。

应用于环境贴图：选项开启时，运动模糊的效果可以作用于透明物体。

(6) "自动反射/折射贴图"选项组，如图 6.22 所示。

渲染迭代次数：开启此选项时将对曲面自动反射和折射帖图进行设置。使用了"反射/折射"的贴图物体之间会相互反射，参数控制反射的次数。物体之间会发生多次重复反射，直到无穷尽，参数越大，渲染的时间越长。

(7) "节省内存"选项组，如图 6.23 所示。

图 6.22　"自动反射/折射贴图"选项组　　　图 6.23　"节省内存"选项组

节省内存：开启"节省内存"模式时，系统将会节省出一部分的内存用其它应用程序的运行。该选项开启会对渲染时间有少量影响。

6.3.3　渲染设置"渲染元素"选项卡

"渲染元素"选项卡是一个经常会用到的面板，它可以将场景中的不同信息，如漫反射颜色、高光、反射、阴影等通道，分别渲染成为一个个单独的图像文件，方便后期对其进行合成，如将其进行不同方式的叠加。采用渲染元素选项卡的好处在于比如一个动画中如果觉得阴影过暗了可以单独调节阴影的亮度，或者是动画中的某个物体相对场景中其它物体过暗需要单独调节，使用该方式可以避免场景中因改动了某一参数而需要重新对场景进行渲染，从而可以减少重新渲染的时间。国外的许多科技电影中往往采用这种方法，一个镜头中往往有几十层到上百层的合成，如图 6.24 所示。

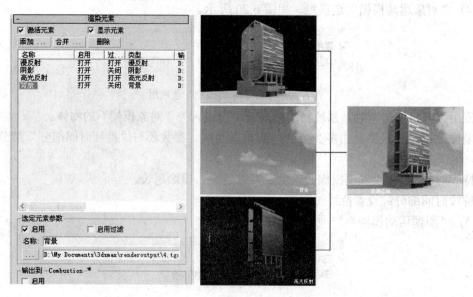

图 6.24　"渲染元素"面板

6.3.4 渲染设置"光线追踪"选项卡

"光线追踪"选项卡用于设置光线在场景中的反弹次数和光线追踪参数，图 6.25 所示。

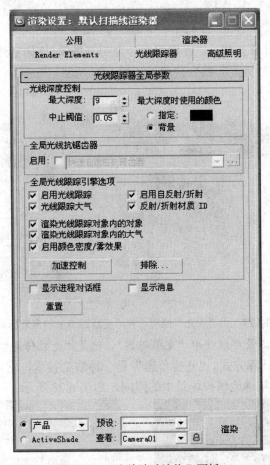

图 6.25 "光线追踪渲染"面板

(1) "光线深度控制"卷展栏。该卷展栏中的参数主要用来控制光线在场景中的反弹次数。

(2) "全局光线抗锯齿器"卷展栏。开启此选项时，系统将对场景中所有的光线跟踪材质和贴图进行抗锯齿处理。

(3) "全局光线跟踪引擎选项"卷展栏。该卷展栏中的参数将全局控制光线跟踪器。即它们影响场景中所有光线跟踪材质和光线跟踪贴图，也影响高级光线跟踪阴影和区域阴影的生成。

6.3.5 渲染设置"高级照明"选项卡

"高级照明"基于真实的物理计算出光的反弹，主要包含了两种计算方式，即"光跟踪器"和"光能传递"，分别针对室内和室外的光能计算，如图 6.26 所示。

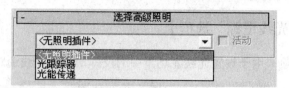

图6.26 "高级照明"选项卡

(1) "光跟踪器"计算方式。"光跟踪器"为明亮场景(比如室外场景)提供柔和边缘的阴影和映色,它通常与"天光"结合使用,如图6.27所示。

图6.27 由"天光"照明,并用光跟踪渲染的室外场景

提示:虽然对室内场景可以使用"光跟踪器",但是"光能传递"通常更适合这种场景。

(2) "光能传递"计算方式。"光能传递"是一种渲染技术,它可以真实地模拟灯光在环境中的相互作用,更精确地模拟场景中的照明,如图6.28所示。

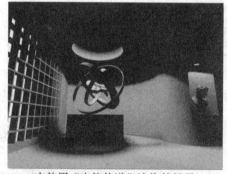 

未使用"光能传递"渲染的场景　　使用"光能传递"渲染的同一场景

图6.28 对比效果

6.4 渲染输出窗口

渲染输出窗口用于显示渲染结果,如图6.29所示。若输出的是视频文件,则显示视频最后一个渲染帧。窗口上提供了多个功能按钮,用于完成文件保存,克隆窗口,红、绿、蓝颜色通道操作等功能。

在"文件"菜单中选择"查看图像文件"命令,则会在渲染帧窗口中显示静态图像和图像序列。查看 IFL 文件中按顺序编号的图像文件或图像时,渲染帧窗口将显示可以逐幅查看图像的导航箭头。

图 6.29　渲染帧窗口

6.4.1　渲染帧窗口的操作

用户可以在渲染帧窗口中对图像进行"缩放"和"平移"操作,也可以在渲染过程中进行这些操作,操作方法如下:

① 按下【Ctrl】键,在窗口中单击左键可以放大图像,单击右键可以缩小图像。
② 按下【Shift】键,拖动鼠标可以平移渲染窗口中的图像;
③ 如果鼠标带有滚轮,向前移动滚轮,可以放大图像;向后移动滚轮,可以缩小图像;按住滚轮拖动,可平移图像。

6.4.2　渲染帧窗口工具栏

该工具栏如图 6.30 所示,主要包含以下命令按钮:

图 6.30　"渲染帧窗口"工具栏

要渲染的区域:设置渲染的区域。
视口:设置渲染的视图。
渲染预设:可以调用现有的预设参数进行渲染。
渲染按钮:点击开始渲染,按钮下方的下拉菜单可以选择渲染产品品质的等级。
　保存位图:把渲染帧窗口中的图像保存到磁盘上。
　克隆虚拟帧窗口:创建另一个包含显示图像的虚拟帧窗口。在调整渲染参数时,经常用这种方法对调整前后的效果进行比较。
　启用红/绿/蓝颜色通道:控制渲染图像的红/绿/蓝颜色通道。处于按下状态时,对应的颜色通道将显示；处于弹起状态时，对应的颜色通道将不显示。

● 显示 Alpha 通道：该选项组显示 Alpha 通道(Alpha 通道，用于表示图像的透明度)。

● 单色：显示渲染图像的 8 位灰度图像。

✕ 清除：从渲染帧窗口中清除图像。

`RGB Alpha` 通道显示列表：列出图像渲染的通道。在从列表中选择通道后，它会在渲染帧窗口中显示出来。对于大多数的文件来说，只有红/绿/蓝通道和 Alpha 通道可用。

色样：存储上次右键单击像素的颜色值，可以在程序中将此色样拖入到其它的色样中，单击色样将显示颜色选择器，显示颜色的详细信息。

6.5 应 用 案 例

(1) 重置 3ds Max 场景，打开配套光盘中的"电池-开始 .max"文件，场景中出现一组电池的模型，如图 6.31 所示。

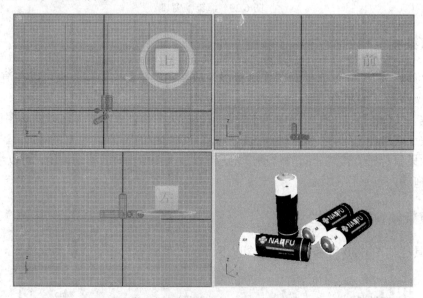

图 6.31 测试场景

(2) 点击 (创建)/ (灯光)，选择"标准灯光"下拉菜单下的"目标聚光灯"在场景中创建一个聚光灯，如图 6.32 所示。

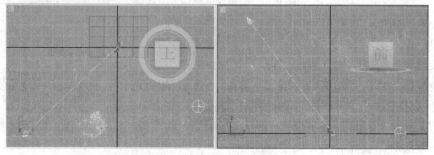

图 6.32 创建一个聚光灯

(3) 在"修改"面板中,将灯光的阴影开启,并将阴影模式设置为"阴影贴图"模式。

(4) 把灯光的强度倍增设置为 0.8。

(5) 再次在场景中创建一盏天光,天光的位置可以随意摆放但对最终渲染结果是不会产生影响的。将天光的倍增值设置为 0.5。

(6) 打开"渲染设置"面板,打开"高级照明"选项卡,在"高级照明"中选择"光跟踪器"作为光能传递计算方式,设置完成后点击渲染按钮渲染出图,如图 6.33 所示。

(7) 可以对比一下不使用光能传递的场景的效果,可以看到使用光能传递之后能对光子进行多次反弹计算,从而形成更加逼真的光照效果,如图 6.34 所示。

图 6.33 渲染效果

图 6.34 不使用光能传递的效果

本 章 小 结

本章着重介绍了 3ds Max 2009 渲染的使用方法,渲染在动画制作中是比较重要的一个环节,掌握好渲染是动画作品成功的关键。

习　　题

1. 创建一个室内场景,思考怎样进行室内的布光,并将其渲染出来。
2. 创建一个室外场景,使用"光跟踪器"将其渲染出来。

第 7 章　3ds Max 基础动画技术

学习目标

在本章 3ds Max 基础动画技术中，循序渐近地讲解了基础动画制作、粒子系统、Particle Flow 粒子系统、reactor 动力学、Character Studio 角色系统等内容。通过本章的学习要求达到以下目标：

- 掌握简单动画的制作方法。
- 掌握粒子系统的使用方法。
- 掌握 Particle Flow 粒子流的使用方法。
- 掌握 Reactor 动力学系统的使用方法。
- 掌握创建骨骼，调节骨骼动画的制作方法。

7.1　动画的基础知识

动画的历史悠久，自从人类有了文明以来，人类就通过各种各样的形式记录图像，表达了人类潜意识中表现物体运动和时间过程的欲望。

法国考古学家普度欧马(Prudhommeau)在 1962 年的考古研究报告中指出，两万五千年前的石器时代洞穴画上就有系列的野牛奔跑分解图，是人类试图用笔(或石块)捕捉凝结动作的滥觞。其它如埃及墓画、希腊古瓶上的连续动作之分解图画，也是同类型的例子。

现代动画开始于 17 世纪一个名为阿塔纳斯珂雪(Athanasius Kircher)的耶稣会教士，他发明了"魔术幻灯"。所谓"魔术幻灯"是个铁箱，里面放置一盏灯，在箱的一边开一小洞，洞上覆盖透镜，将一片绘有图案的玻璃放在透镜后面，灯光通过玻璃和透镜，图案便投射在墙上。魔术幻灯流传到今天已经变成了玩具，而且它的现代名字叫投影机(Projector)。魔术幻灯经过不断改良，到了 17 世纪末，由钟和斯桑(Johannes Zahn)扩大装置，把许多玻璃画片放在旋转盘上，出现在墙上的是一种运动的幻觉。

随着科技的进步，动画已经如日中天，而电脑动画制作技术的进步更是给动画注入了新的活力，如今动画已经在各个领域中广泛应用。

7.1.1　动画的基本原理

动画是通过连续播放一系列的图片，利用视觉暂留，给视觉造成连续播放的画面，如图 7.1 所示。这一系列连续播放的图片的每一张叫做"帧"。动画中不同的格式其帧数也是有区别的,如电影里的 1 秒钟有 24 帧,电视有 25 帧。

什么是"视觉暂留"现象?"视觉暂留"(Visual staying phenomenon, duration of vision)指的是人的眼睛在观察景物时,光信号传入大脑神经,需经过一段短暂的时间,光的作用结束后,视觉形象并不立即消失,这种残留的视觉称"后像",视觉的这一现象则被称为"视觉暂留"。正因为这个特性才有了我们今天随处可见的动画、电影。

图 7.1 动画原理

7.1.2 3ds Max 动画制作基本流程

三维动画制作是一个涉及面极广的技术,其中的舞台灯光、摄影、布景技术类似于真实环境,需要设计师既要掌握三维软件的制作技术,又具备更多的艺术功底和创造力。

一部完整的动画一般有非常复杂的制作过程,在这个过程中各个部门或不同的公司有着详细的分工,各个部分紧密配合。图 7.2 是一个动画制作的流程图,因为各个公司的制作方法不尽相同,在工作流程中也会有细节上的不同,但基本的制作流程是一致的。

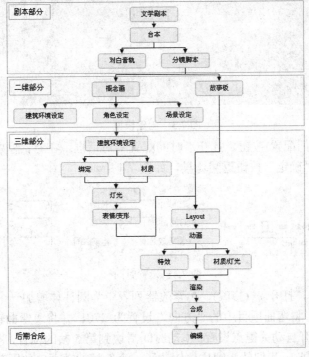

图 7.2 动画制作的流程图

7.2 基础动画

在 3ds Max 2009 中，我们可以对场景中几乎所有的物体进行动画设置，比如物体的缩放、移动、旋转等，这也是最简单的变换动画类型。或者通过物体参数的变化来记录物体的动画，复杂点的便是角色动画，它涉及骨骼、皮肤、表情、正向反向运动等技术。3ds Max 2009 也为我们提供了非常丰富的用于动画管理和动画设置的工具。本小节主要学习 3ds Max 比较简单的参数动画，并结合实例加深对所学知识的掌握。

7.2.1 使用自动关键帧制作动画

（1）重置 3ds Max 场景，选择 (创建)/ (几何体)/标准基本体，在场景中创建一个平面和一个圆柱体，如图 7.3 所示。

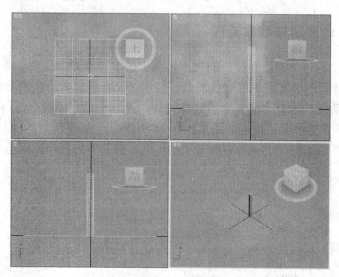

图 7.3 创建模型

（2）点击 (时间配置)按钮，打开"时间配置"对话框。在对话框中将动画的"长度"设置为 5 帧。点击"确定"按钮返回场景，如图 7.4 所示。

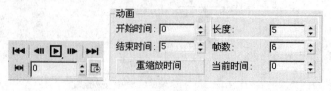

图 7.4 设置时间

（3）选中圆柱体，打开 (修改)，在修改器列表中为圆柱体增加一个"弯曲"命令。在"参数"卷展栏中，将弯曲项目中的"方向"设置为 270，并将"弯曲轴"设置成 X 轴方向。单击 自动关键点 打开自动关键点设置。拖动时间滑块到第 5 帧的位置，将弯曲项目里的"角度"设置为 170，到此，我们就为圆柱体创建了一个 5 帧的动画，如图 7.5 所示。

第7章 3ds Max 基础动画技术 · 183 ·

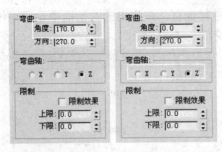

图 7.5 设置动画

(4) 按快捷键【M】或按钮 ❖(材质编辑器)打开"材质编辑器"对话框，给场景里的两个物体分别指定一个空白材质球，如图 7.6 所示。

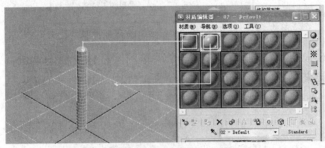

图 7.6 指定材质

(5) 按快捷键【F10】或按钮 ❖(渲染设置)打开"渲染设置"对话框。在"公用"选项卡中设置动画的"活动时间段"为 0 到 5 帧，在"输出大小"项目中将输出大小设置成 640×480，如图 7.7 所示。

图 7.7 渲染设置

(6) 在"渲染输出"项目中单击"文件"按钮，在弹出的"渲染输出文件"对话框中选择保存动画的文件夹，在文件名中填上要保存的文件名，然后将保存类型设置成 JPEG 格式，如图 7.8 所示。

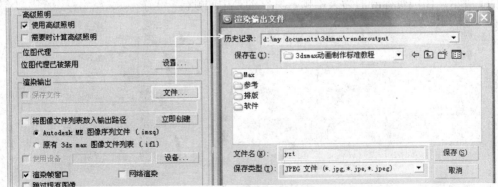

图 7.8 设置渲染输出

(7) 点击"保存"按钮进行保存，在弹出的对话框中设置输出图片的质量，将图像控制滑块拖向最佳，如图 7.9 所示。

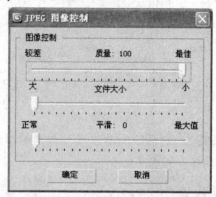

图 7.9　设置输出图片的质量

(8) 图中的 6 张图片其实就构成了一个简单的圆柱体弯曲的动画，其中每一幅图就是一帧，6 幅图片连起来以后就构成了 6 帧的动画，如图 7.10 所示。

图 7.10　动画效果

7.2.2　关键帧和中间帧

在图 7.10 中，第一帧和最后一帧我们称为"关键帧"，比如说圆柱体的弯曲动画，初始状态圆柱体是静止的，最后弯曲的样子是最终的目标，那么这个最终目标就是"关键帧"。在起始帧和关键帧之间的帧我们称之为"中间帧"。

关键帧的概念来源于传统的卡通动画的制作。在早期迪斯尼的制作室，熟练的动画师将设计卡通片中的关键画面，也即所谓的关键帧，然后交由一般的动画师设计中间帧。如图 7.11 所示，图中带标号的为关键帧，其它的是中间帧。

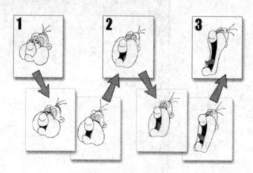

图 7.11　中间帧的定义

在三维计算机动画中，中间帧的生成由计算机来完成，插值代替了设计中间帧的动画师。所有影响画面图像的参数都可成为关键帧的参数，如位置变化、旋转角度、纹理的参数等。关键帧技术是计算机动画中最基本并且运用最广泛的方法。另外一种动画设置方法是样条驱动动画，在这种方法中，用户采用交互方式指定物体运动的轨迹样条。几乎所有的动画软件如 Alias、Softimage、Wavefront、3ds Max 等都提供了这两种基本的动画设置方法。

在 3ds Max 2009 软件中，我们可以在软件的界面上找到创作动画的基本工具，如图 7.12 所示。

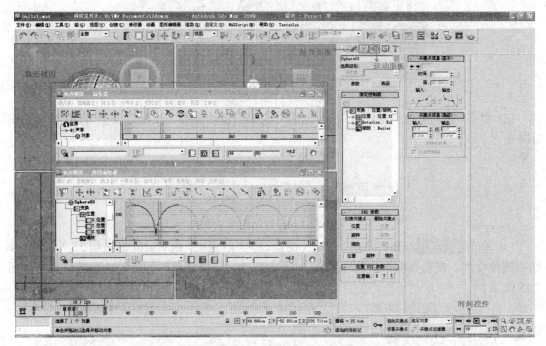

图 7.12　创作动画的基本工具

曲线编辑器：即轨迹视图，提供了一些细节动画编辑功能。

轨迹栏：位于屏幕视口的下方，可以快速访问关键帧和插值控件，也可以展开用于函数曲线的编辑。

运动面板：可以用来调整影响所有位置、旋转和绽放动画的变换控制器。

层次面板：用来调整控制两个或多个对象链接的所有参数，其中包括反向运动学参数和轴点调整。

时间控件：可以移动到时间上的任意点，并在视图中播放动画。

7.3　篮球弹跳动画

制作篮球弹跳动画的步骤如下：

(1) 重置 3ds Max 场景，打开配套光盘中的"篮球-开始.max"文件，场景中显示的是一个篮球的模型，图 7.13 所示。

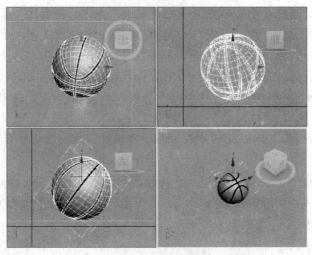

图 7.13 场景模型

(2) 单击 (时间配置)按钮,在弹出的对话框中将动画的"长度"设置为 30 帧,如图 7.14 所示。

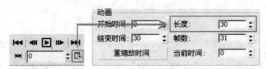

图 7.14 时间配置

(3) 单击 按钮,打开"自动关键点设置"对话框,拖动时间滑块到 15 帧的位置,选中篮球模型,在前视图中将篮球向 Y 轴方向移动,将篮球移动到接触地面的位置,如图 7.15 所示。

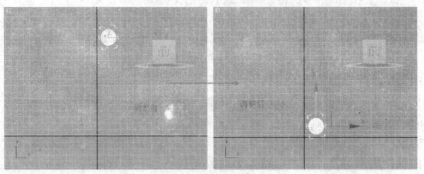

图 7.15 设置动画

(4) 按住【Shift】键不动,选中第 0 帧的起始帧,并拖动鼠标将关键帧复制到 30 帧的位置。此时,就完成了一个篮球的弹跳动画,拖动时间滑块,篮球将一上一下地跳动。

7.3.1 设置篮球弹跳动画

(1) 点击菜单栏上的"视图"按钮,在弹出的菜单中选中"显示重影",回到场景中拖动时间滑块,篮球当前帧之前的动画将以重影的方式显示。实际上重影就是前面所说的中间帧,如图 7.16 所示。

第 7 章　3ds Max 基础动画技术　　187

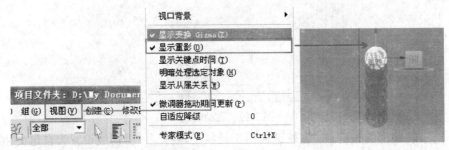

图 7.16　打开"显示重影"

(2) 单击菜单"自定义"/"首选项",在弹出的对话框中选择"视口"选项卡,在"重影"项目里可以设置重影显示的帧数,如图 7.17 所示。

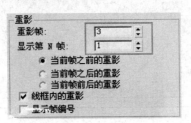

图 7.17　设置"重影"

(3) 选中篮球物体,打开右键菜单,在弹出的菜单中选择"曲线编辑器"菜单,打开"轨迹视图",如图 7.18 所示。

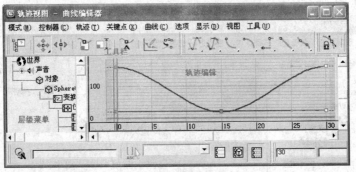

图 7.18　曲线编辑器

在"轨迹视图"对话框左侧窗口中的是层级菜单,它包括了场景所有物体和材质的参数,以及所有可以动态设置的轨迹。

轨迹中记录了动画中的每一个可调节的变动,比如例子中的篮球位置的变化,每一个物体的位置、旋转、缩放等都各自带有一个轨迹。一个参数化的物体,其大小,高低等都可以在轨迹视图中设置它的动画轨迹。

右边的窗口是"轨迹编辑"窗口,可以编辑动画的轨迹。在菜单栏下方的是工具栏,包含一些常用的参数。

(4) 在"层级"菜单中选择"Z 位置"选项,在右边的"轨迹编辑"窗口中出现"Z 位置"的轨迹。这个轨迹是篮球做弹跳运动的运动轨迹。拖动矩形框所示的时间轴播放动画,在第 15 帧关键帧的位置有一个黑色的点,选中这个黑点,在黑点上便会出现可以控制的操作手柄,如图 7.19 所示。

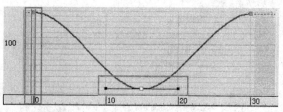

图 7.19　运动轨迹

（5）选中轨迹上的关键点，在轨迹视图工具栏上选择 （将切线设置为自定义）按钮，这时黑点两边的控制手柄成为可调节的，我们将通过这个手柄来调节篮球跳动的动画，如图 7.20 所示。

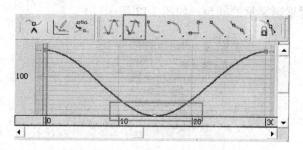

图 7.20　调节运动轨迹

（6）按住【Shift】键，这时黑点左右两边的控制手柄可以单独调节。调节左右的控制手柄大致一样，如图 7.21 所示。

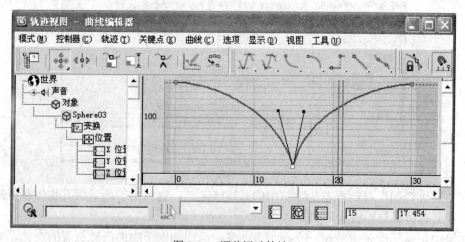

图 7.21　调节运动轨迹

提示：调整轨迹的时候可以边播放动画边调节，轨迹的改变可以直观地在动画播放过程中观看。

（7）播放动画，观察篮球的跳动动画，发现篮球在接触地面时就马上弹起，并在上升的过程中慢慢减速到最高点，这时篮球的跳动动画就像在现实中篮球受到重力的影响一样。

（8）单击 （时间配置）按钮，在弹出的对话框中将动画的长度设置为 120 帧，点击 （播放动画）按钮播放动画，篮球在第 30 帧就停住了。点击 （参数曲线超出范围类型）按钮，在弹出的对话框中将参数设置成"周期"方式，如图 7.22 所示。

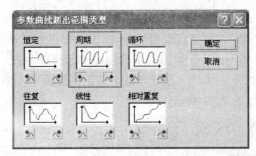

图 7.22 设置动画循环

(9) 设置完成后,轨迹编辑视口中的轨迹如图 7.23 所示。播放动画时,篮球将在 120 帧的范围内反复跳动。

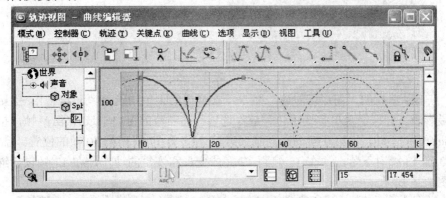

图 7.23 完成的效果

7.3.2 设置篮球弹跳(变形动画)

虽然物体的运动正常了,但缺乏一个冲击力,需要给篮球加上一个接触地面的弹性变形,使它的弹跳更加有力,更加逼真,更像一个现实中的篮球弹跳动画。

物体比例的改变是相对于轴心点而发生的,先要将篮球的轴心点移动到球体与地面接触的地方,才能产生相对于地面的挤压效果。

(1) 选中篮球,拖动时间滑块到 15 帧。打开"命令"面板上的 ![] (层次)面板,在"调整轴"项目中点击"仅影响轴"按钮,并在前视图中将篮球的坐标沿 Y 轴下移到篮球的最底部。调整完成后将"仅影响轴"按钮关闭,如图 7.24 所示。

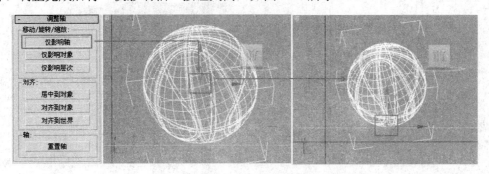

图 7.24 设置轴的坐标

(2) 打开 自动关键点 (切换自动关键点模式)选项记录动画。
(3) 点击主工具栏中的 (百分比捕捉切换)按钮进行百分比锁定。
(4) 按住 □(均匀)按钮不动，在弹出的工具图标中选择 (挤压)按钮。将视图切换到透视图，选中篮球，沿 Z 轴向下移动，在篮球往下挤压的过程中观察 Z 轴的参数，最后将 Z 轴挤压参数设定为 80，如图 7.25 所示。

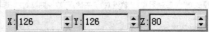

图 7.25　设置变形

(5) 点击菜单栏的"图形编辑器"菜单，在弹出的菜单中选择"轨迹视图-摄影表"选项打开摄影表。在层级菜单中选中"缩放"选项，在右边的窗口中选择第 1 帧，按住键盘上的【Shift】键不动，将第 0 帧分别复制到第 13 帧、第 17 帧和第 30 帧的位置。播放动画，篮球在 0 到 13 帧时下落，并在 13 帧到 17 完成变形和恢复的动作，在 17 帧以后继续向上升，如图 7.26 所示。

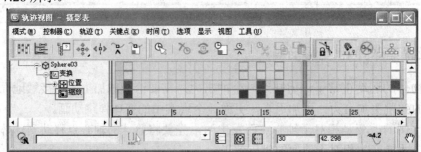

图 7.26　摄影表

(6) 打开"曲线编辑器"对话框，为篮球的变形动画设置循环动画。点击 (参数曲线超出范围类型)按钮在弹出的对话框中将循环模式设置为"周期"模式，如图 7.27 所示。

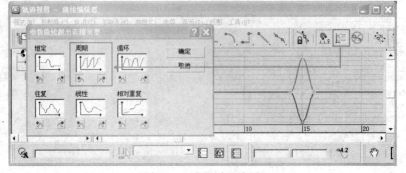

图 7.27　设置循环动画

(7) 到此,一段篮球弹跳的动画就完成了。

7.3.3 向前运动的篮球(控制器应用)

本小节以上一小节的成果为基础,为篮球制作向前运动的动画。这一小节将学习一个比较重要的知识点——动画控制器。

3ds Max 中每一条运动轨迹都有它的专属控制器,而且每个控制器都是不一样的。

控制器是 3ds Max 中处理所有动画任务的插件,它包括存储动画关键点值、存储程序动画设置和在动画关键点值之间插值。

在 3ds Max 中可以通过两种方式为动画添加控制器。

▦(轨迹视图):控制器在"层次"列表中有各种不同的控制器图标表,每个控制器都具有自己的图标。使用"轨迹视图",无论在"曲线编辑器"(如图 7.28 所示)还是在"摄影表"(如图 7.29 所示)模式中,都可以对所有对象和参数查看并使用控制器。

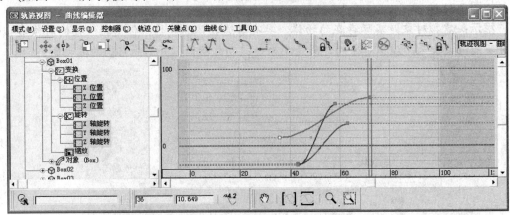

图 7.28 轨迹视图-曲线编辑器

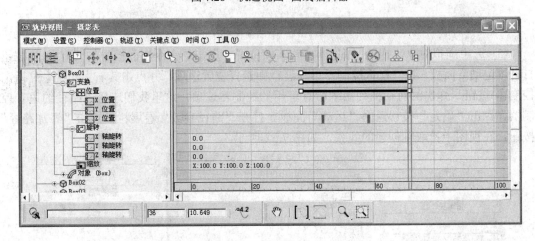

图 7.29 轨迹视图-摄影表

◉(运动):包含为了使用变换控制器的特殊工具,也包含许多同样的控制器功能,例如"曲线编辑器"、加号控制以使用 IK 解算器这样的特殊控制器。使用"运动"面板可以查看和使用一个选定对象的变换控制器。

(1) 选择 (创建)/ (图形)/ "线"在上视图中绘制一条线，如图7.30所示。

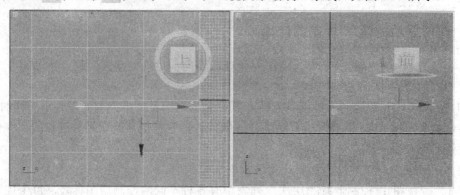

图7.30 绘制样条线

(2) 选择 (创建)/ (辅助对象)/ "标准"/ "虚拟对象"并在上视图再创建一个虚拟对象，如图7.31所示。

提示：虚拟对象是实际存在的物体，具有普通物体的属性，但是在渲染的时候虚拟物体并不能渲染出来。虚拟对象的作用是用来连接动画物体，并影响它们的运动的。

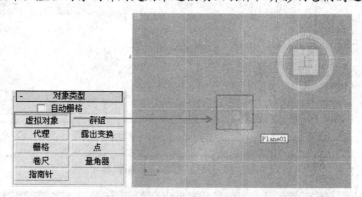

图7.31 创建虚拟对象

(3) 选中虚拟对象，拖动时间滑块到0帧位置。点击"命令"面板中的 (运动)按钮打开"运动"面板。在"指定控制器"卷展栏中选择位置选项，并点击其右上角的 (指定控制器)按钮，弹出的对话框列出了所有可用的控制器选项，这里我们选择"路径约束"控制器，点击"确定"按钮返回"运动"面板。打开"路径参数"卷展栏，点击"添加路径"按钮，在视图中拾取刚创建的线条，如图7.32所示。

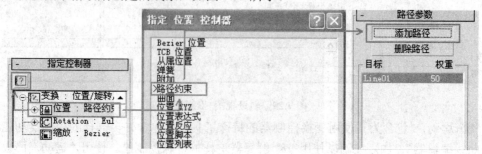

图7.32 路径约束

提示：路径约束能对一个对象沿着样条线或在多个样条线间的平均距离之间的移动进行限制。路径对象可以是任意类型的样条线，样条线为约束对象定义了一个运动的路径。目标可以使用任意的标准"变换"、"旋转"、"缩放"工具设置为动画。

（4）拾取完成后，虚拟对象被放置到路径的起始点上，拖动时间滑块发现虚拟对象沿着线条在运动。而此时移动虚拟对象发现并不能移动，这是因为虚拟对象已经由控制器支配，如图7.33所示。

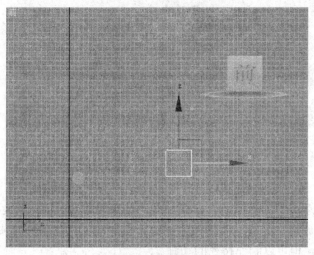

图7.33 拾取样条线

（5）选中篮球，用"移动"工具将篮球移动到虚拟对象中心的位置。点击主工具栏上的 按钮，鼠标按住篮球不动并拖向虚拟对象，当鼠标左上角出现链接"确认"的图标时放开鼠标，这时虚拟对象闪一下就完成链接操作。

（6）再次选中虚拟对象，打开"运动"面板，选中"Rotation"选项，点击 按钮，在弹出的对话框中选择"噪波旋转"选项，在弹出的噪波控制器中将"频率"设置为0.04，X向强度设置为90，Y向强度设置为0，Z向强度设置为90，如图7.34所示。

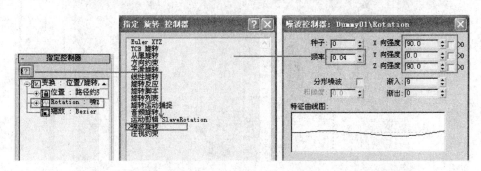

图7.34 添加噪波控制器

（7）点击"命令"面板上的 按钮打开"显示"面板，勾选"辅助对象"选项，隐藏场景中的虚拟对象，如图7.35所示。

（8）点击 按钮播放动画，篮球沿着直线的方向向前跳去，并在跳动的过程中缓慢地旋转。

图 7.35 隐藏辅助对象

7.4 蝴蝶飞舞动画

路径可以是任意类型的样条线。样条曲线为约束对象定义了一个运动的路径，目标可以使用随意变换、旋转、缩放。以路径的子对象级别设置关键点，如顶点或分段，虽然这影响到受约束对象，但可以制作路径的动画。

本小节通过蝴蝶飞舞动画的例子来学习 3ds Max 的路径约束动画。

7.4.1 制作蝴蝶拍翅动画

（1）重置 3ds Max 场景，打开配套光盘中的"蝴蝶飞舞-开始.max"文件，场景中显示的是一只蝴蝶的模型，接下来开始制作蝴蝶飞舞的动画，如图 7.36 所示。

图 7.36 测试场景

(2) 点击 自动关键点 (切换自动关键点模式)按钮制作振翅动画。拖动时间滑块到第 5 帧的位置，选择左边的翅膀，单击 (旋转)按钮并绕 Y 轴向下旋转翅膀 70°。用同样的方法做出另一半翅膀的动画，如图 7.37 所示。

图 7.37 振翅动画

(3) 选中蝴蝶的两个翅膀，按住【Shift】键，将第 0 帧位置的关键帧复制到第 10 帧的位置，打开"轨迹视图"/"曲线编辑器"，点击 (参数曲线超出范围类型)按钮，在弹出的对话框中将类型设置为"周期"。回到场景，播放动画，这时蝴蝶的翅膀在不停地拍动，如图 7.38 所示。

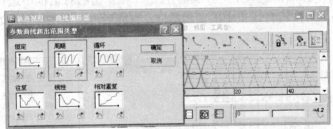

图 7.38 设置循环

(4) 选择 (创建)/ (辅助对象)/"标准"/"虚拟对象"选项并在上视图再创建一个虚拟对象，并使用 (对齐)工具将虚拟对象对齐到蝴蝶身体的中心，如图 7.39 所示。

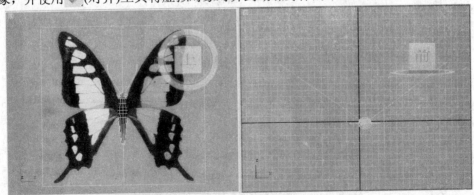

图 7.39 创建虚拟对象

(5) 选择蝴蝶的所有部件，点击主工具栏的 (链接)按钮，将蝴蝶的翅膀和身体跟场景中的虚拟对象链接起来，拖动虚拟对象，发现蝴蝶也跟着移动。

7.4.2 蝴蝶沿路径飞舞(路径约束)

(1) 选择 (创建)/ (图形)/"线",在上视图中绘制一条封闭的曲线。选中绘制的线条,在"修改"面板下选择"顶点"层级并选中所有的点,将点的类型设置为"平滑"模式,手动调节曲线上的点,使其转弯的地方过渡更加平滑。切换到透视图,沿 Z 轴上下调节点,将曲线调节成如图 7.40 所示的形状。

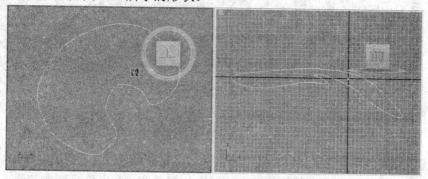

图 7.40 创建路径

(2) 拖动时间滑块到第 0 帧,选择虚拟对象,点击 (运动)按钮打开"运动"面板。选择"位置"项目,并点击 (指定控制器)按钮,在弹出的对话框中选择"路径约束"选项,点击"添加路径"按钮将场景中的曲线拾取,完成后再次点击按钮将其关闭,如图 7.41 所示。

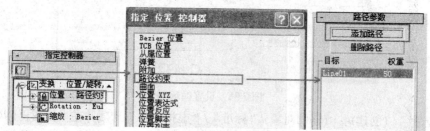

图 7.41 路径约束

(3) 添加控制器之后发现蝴蝶的头并没有沿着路径的方向飞,则选中虚拟对象,点击 (旋转)按钮,将其旋转 90°,让蝴蝶的头部对准飞行的方向,如图 7.42 所示。

图 7.42 调整动画

(4) 点击"命令"面板的 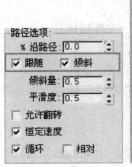(运动)按钮打开"运动"面板,在"路径参数"卷展栏中的"路径"项目中勾选"跟随"和"倾斜"选项。拖动时间滑块,蝴蝶则已经沿着路径的方向飞了,如图 7.43 所示。

图 7.43 设置动画

(5) 点击 (时间配置)按钮,打开时间配置框,将动画的长度设置为 500 帧,回到场景中,选中虚拟对象,将虚拟对象第 100 帧的关键帧移动到 500 帧的位置。点击 (播放动画)按钮,发现蝴蝶开始随着路径飞舞。此时,就完成了一个蝴蝶飞舞的动画,如图 7.44 所示。

图 7.44 动画完成

7.5 角色动画基础

角色动画是建立在基础动画之上的。为了更好地学习、掌握角色动画的制作,本小节从最基本的正向运动(FK)和反向运动(IK)、IK 阻尼、连接限制等进行学习。

7.5.1 智能机械手(正向运动学)

在进行层次处理时,系统默认方法为"正向动力学(FK)"法。"正向动力学"的基本方法是按照父层级到子层级的链接顺序进行层次链接。轴心点的位置定义了链接物体的链接关节，在继承位置、旋转、缩放时遵循从父层级到子层级的顺序继承。

在正向动力学中，当父对象移动时，它的子对象也跟随父对象移动。反之如果子对象单独运动时，其父对象将保持不动的状态。例如本例中的机械手，在层次连接完成后，可以发现整个机械手的部件都跟着移动，而单独移动某个部件时，部件的移动并不会影其父对象的位置。

在 3ds Max 制作动画的过程中，经常会碰到一些一大堆物体在一起的动画，这些物体之间存在着错综复杂的连接关系，往往一个物体的运动会带动其它的一个或多个物体的运动，它们之间的关系通常用"Hierarchy"(层次)来进行描述。

对于有自身运动的一组物体，我们往往使用层次关系进行连接，而这种关系又包含了正向运动和反向运动。

本小节先来了解正向运动学。

(1) 重置 3ds Max 场景，打开配套光盘中的"机械手-开始.max"文件，文件中是一组机械手的模型，接下来我们要将这一堆机械手的配件连接起来，并为其创建动画，如图 7.45 所示。

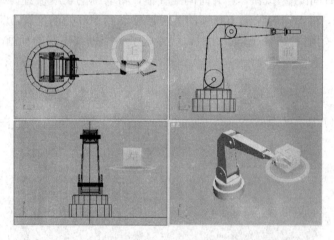

图 7.45 测试场景

(2) 接下来为机械手的各个部分设置转动的轴心。点击 (层次)按钮打开"层次"面板，在"调整轴"项目组中按下"仅影响轴"按钮，利用"移动"和"对齐"工具调节机械手的轴心的位置，如图 7.46 和图 7.47 所示。

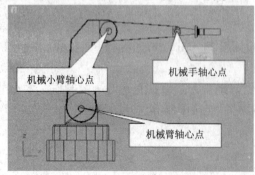

图 7.46 轴心的位置

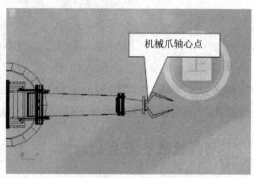

图 7.47 机械爪轴心的位置

(3) 下面为机械手进行父子关系连接。动手前先来分析一下机械手各个部件之间的关系，图 7.48 中，机械爪是机械手的子物体，机械手又是机械小臂的子物体，机械小臂是机械臂的子物体，机械臂是底座的子物体。

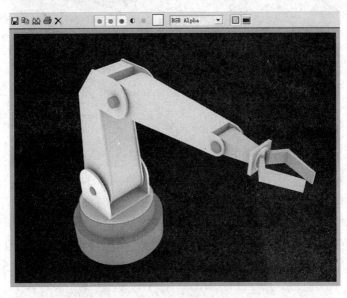

图 7.48 渲染效果

(4) 弄明白了它们之间的关系后就可以开始进行物体间的连接了。点击 ▦ (图解视图) 按钮打开"图解视图"窗口对它们进行连接。点击 ┵ (连接)按钮可以对两个物体进行连接，它的作用等同于主工具栏上的 ⚲ (链接)按钮，但图解视图更能直观地看清它们之间的链接关系，如图 7.49 所示。

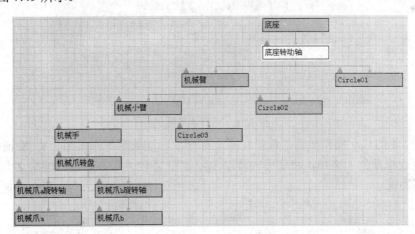

图 7.49 父子连接关系

(5) 连接完成后，在这个机械手的层次关系中，处在上方的模型"底座"是整个机械手部件的父对象，将其移动时，所有的部件都会跟着移动。而选择机械臂进行旋转时，可以发现机械臂子物体也跟着运动但它的父对象并没有跟着移动，这种运动我们称之为正向运动，如图 7.50 所示。

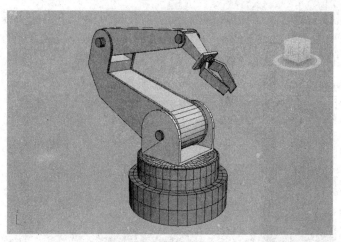

图 7.50　正向运动完成

(6) 接着利用机械手来了解另外一种运动方法——"反向运动"法。

(7) 打开"层次"面板，单击"IK"按钮打开"IK 控制"面板。点击"交互式 IK"按钮让按钮处在开启状态下。这时在场景中移动机械小臂发现整件机械手的子对象和它的父对象都在运动，而父对象是因为它的子对象的反作用力而运动的，如图 7.51 所示。

图 7.51　反向运动测试

(8) 将刚才的移动操作撤销，选择底座，打开"转动关节"项目组，将 X 轴和 Y 轴的"活动"复选框前的勾去掉，将底座的转动轴限定在 Z 轴方向，让它只能绕 Z 轴转动，如图 7.52 所示。

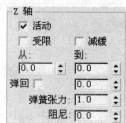

图 7.52　设置轴向限定

(9) 选中"底座转动轴"物体,将它的轴向限定为 Z 轴活动。
(10) 选中"机械臂"物体,将它的轴向限定为 Z 轴活动。
(11) 选中"机械小臂"物体,将它的轴向限定为 Z 轴活动。
(12) 选中"机械手"物体,将它的轴向限定为 Z 轴活动。
(13) 选中"机械爪转盘"物体,将它的轴向限定为 Y 轴方向活动。
(14) 将"机械爪 a"和"机械爪 b"的轴向限定为 Y 轴方向活动。将"circle02"和"circle03"的轴向限定为 Z 轴方向活动。
(15) 完成方向轴的锁定后,再移动机械手时机械手的动作已经被限定了,如图 7.53 所示。

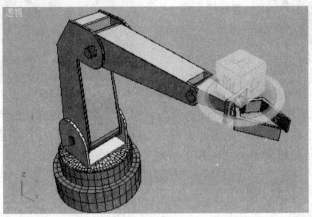

图 7.53 设置完成

7.5.2 发动机活塞运动(反向运动学)

本小节通过活塞运动这个案例来学习反向运动。

(1) 重置 3ds Max 场景,打开配套光盘中的"发动机-开始.max"文件,场景中显示的是一组活塞的模型,如图 7.54 所示。

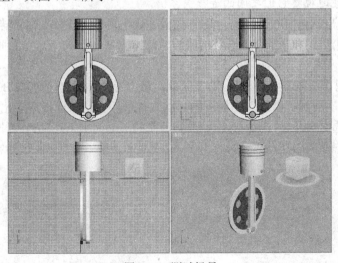

图 7.54 测试场景

(2) 各个物体之间的关系如图 7.55 所示,活塞上下运动带动连杆的运动,连杆的运动再带动转盘的转动。连接栓是转盘的子物体,它和转盘之间是父子关系,而连杆又是活塞的子物体,它们之间是父子关系,如图 7.56 所示。制作时我们通过制作转盘的正向运动来反向控制活塞的运动。

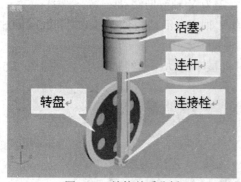
图 7.55　结构关系分析

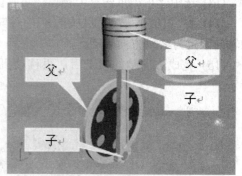
图 7.56　父子关系分析

(3) 点击 (图解视图)按钮打开图解视图窗口对它们进行连接。点击 (连接)按钮,将模型"连杆连接栓"和"转盘"相连,模型"连杆"、"活塞连接栓"相连,如图 7.57 所示,其中两个方框分别是两组父子关系,和上图的关系是对应的。

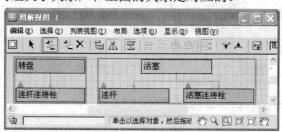
图 7.57　连接关系图

注:我们也可以直接使用主工具栏上的 (链接)对物体进行连接,功能是一样的,但图解视图更能直观地观察它们之间的连接关系。

(4) 点击 (层次)/"IK",打开"IK"面板。选中模型"连杆"在"转动关节"卷展栏中去掉 X 轴下的(活动)和 Z 轴下的(活动)前的勾,勾选 Y 轴下的(活动)选项,将连杆的转动轴限定 Y 轴旋转。

(5) 选中模型"活塞",打开"运动"面板,为位置项目指定一个 TCB 位置控制器,如图 7.58 所示。再次回到"层次"面板下的"IK"面板中,这时面板中多出了一个"滑动关节"卷展栏,勾选 Z 轴下的(活动)选项,限制活塞的活动为上下运动,去掉"转动关节"卷展栏下的 XYZ 三轴下的(活动)前的勾。

图 7.58　设置 TCB 控制器

(6) 在场景中创建一个虚拟对象，利用"对齐"工具将虚拟对象对齐到模型"连接栓"的中心，如图 7.59 所示。

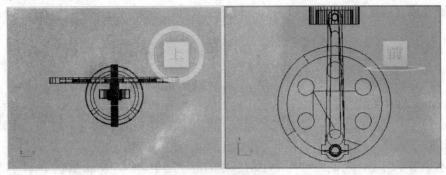

图 7.59　创建虚拟对象

(7) 打开"图解视图"面板，将虚拟对象连接到连杆，让其成为连杆的子物体。点击 (层次)/"IK"打开"IK"面板。点击"绑定"按钮，将虚拟对象绑定到模型"连接栓"上，如图 7.60 所示。

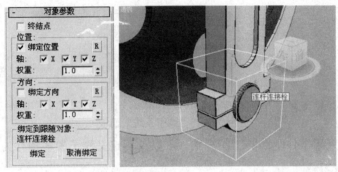

图 7.60　虚拟对象绑定

(8) 点击"交互式 IK"按钮让按钮处在开启状态下，试着转动转盘，可以看到整个活塞都随之运动，如图 7.61 所示。

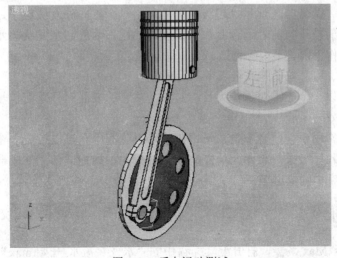

图 7.61　反向运动测试

(9) 撤销刚才转动转盘的操作，关闭"交互式 IK"按钮。单击 自动关键点 (切换自动关键点模式)按钮，选中转盘，将其旋转 360°，点击"应用 IK"按钮，系统将自动进行结果计算。计算完成之后播放动画将可以看到一段曲轴运动的动画。

7.6　粒子系统

3ds Max 2009 拥有强大的粒子系统，内置的粒子有 PF Source、喷射、雪、超级喷射、暴风雪、粒子阵列、粒子云，通过粒子系统我们可以模拟雨点、雪花、喷泉、水泡、焰火等特效，粒子系统是特效制作中必不可少的工具。

在本小节学习中，我们通过几个生动有趣的例子来学习 3ds Max 2009 的粒子系统，并了解粒子系统和力之间的组合运用。

在开始讲解前先来了解一下粒子系统的粒子类型。

选择 (创建)/ (几何体)/"粒子系统"，在该面板下我们可以看到粒子系统的基本粒子类型，如图 7.62 所示。

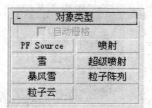

图 7.62　"粒子系统"面板

PF Source：采用事件驱动的工作模式，可以灵活定义粒子的多种行为，实现更加复杂、逼真的粒子特效。

喷射：通常用来模拟雨、喷泉等。

雪：用来模拟下雪。

超级喷射：是喷射的一种更加强大、更高级的版本，它包含了喷射粒子的所有功能以及其它一些特性。两者的区别是"超级喷射"是由一个点向外发散粒子，而"喷射"是由一个平面向外发射粒子。前者适合制作火箭发射的尾部喷气、水龙头喷水、喷泉等特效，而后者则适合制作下雨、下雪等特效。

暴风雪：是"雪"粒子的高级版本，用来模拟下雪、下雨等特效。

粒子阵列：以一个三维对象作为目标对象，从它的表面向外发射粒子，通常用来模拟喷发、爆炸等特效。

粒子云：通常用于创建有大量粒子聚集的场景。利用它可以指定一个空间范围，并在空间的内部产生粒子效果。常用此功能来制作堆积的不规则群体，如成群的鸟儿、蚂蚁、蜜蜂、人群、夜空中的星星等。

7.6.1　打开的水龙头

(1) 重置 3ds Max 场景，打开配套光盘中的"水龙头流水-开始.max"文件，如图 7.63 所示，场景中显示的是一组洗手盆的模型。

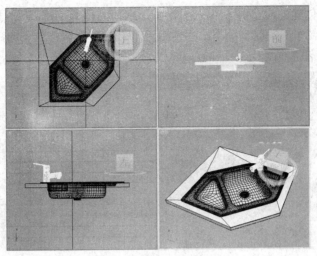

图 7.63 测试场景

(2) 选择 (创建)/ (几何体)/"粒子系统",在"粒子系统"面板中选择"超级喷射"选项,在上视图水龙头出水口的地方拖动鼠标右键创建一个比出水口稍大的"超级喷射"粒子。如果创建出来的粒子过大或过小,则选择创建的粒子,打开 (修改)面板,在"基本参数"卷展栏中调节"图标大小",如图 7.64 所示。

图 7.64 图标大小

(3) 调整完的粒子如图 7.65 所示。

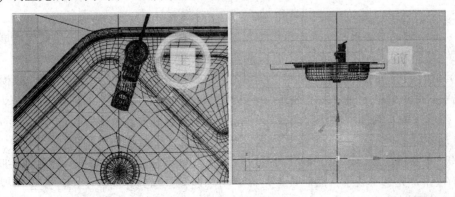

图 7.65 移动粒子

(4) 此时发现创建的粒子并没有在水龙头出水口的位置，选择 ⟳ (旋转)工具，并绕 X 轴旋转 180°，让粒子的发射口朝下，并使用 ✥ (移动)工具调整粒子的高度和位置，最终调整完粒子的位置如图 7.66 所示矩形框。

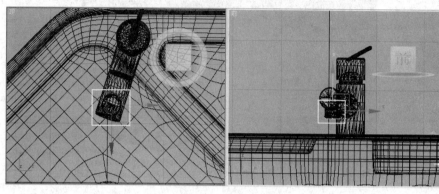

图 7.66　粒子调整

(5) 选择 ⌒ (修改)面板，在"基本参数"卷展栏中，将粒子数百分比设置为 50%。

注：粒子数百分比的高低直接影响到视图中显示的粒子数量但并不影响渲染时的粒子数量，如果视图操作过慢可将参数值设置为较小的数值。

(6) 拨动时间滑块，发现粒子在第 30 帧后就没有了，这是因为粒子显示和生成的时间默认是 30 帧。在"粒子生成"卷展栏将"发射停止"的参数设置成 100，这样粒子就可以在 0～100 帧内持续发射粒子了。

(7) 点击"基本参数"卷展栏，在这里进一步设置粒子发射的形态，在卷展栏中有"轴偏离"和"平面偏离"两个参数，分别将两个参数下的"扩散"的值设置成 14 和 180，如图 7.67 所示。

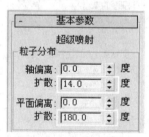

图 7.67　设置基本参数

(8) 拖动时间滑块播放动画，粒子的发射速度显得过快，打开"粒子生成"卷展栏，将"速度"设置为 1.5，调节值的大小可以改变粒子发射的速度。

(9) 这时候的粒子发射直接穿过了洗手盆，这时要加上一个"动力导向板"来模拟水流打到洗手盆后反弹回来的效果，选择 ⌇ (创建)/ ≋ (空间扭曲)/"导向器"，点击"动力学导向板"在场景的上视图中创建导向板，并调整导向板的位置，调整完后的导向板的位置如图 7.68 所示。

(10) 需要将超级喷射粒子和导向板进行绑定，导向板才能起作用。选择 ⚙ (绑定到空间物体)按钮，先选中粒子，然后按住鼠标不动，拖动鼠标到导向板上，等到导向板上出现一个绑定的图标时放开鼠标，即完成了粒子和导向板之间的空间绑定，如图 7.69 所示。

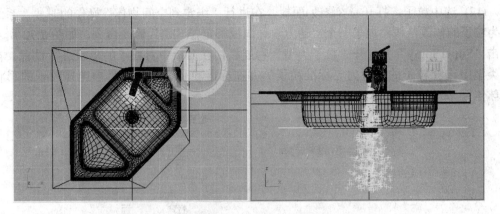

图 7.68 创建动力导向板

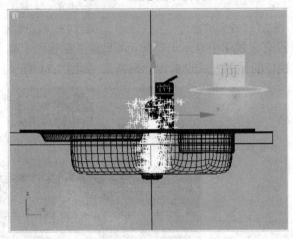

图 7.69 空间绑定

(11) 选中导向板，选择 (修改)面板，打开"参数"卷展栏，对导向板的参数进行设置。调节粒子(反弹)值，让其反弹不至于过强，反弹高度控制在洗手盆的底部，并设置"变化"为 5，"混乱度"为 6，"摩擦力"为 8，这三个参数的值可以让粒子反弹随机变化，如图 7.70 所示。调整完的粒子如图 7.71 所示。

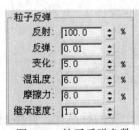

图 7.70 粒子反弹参数

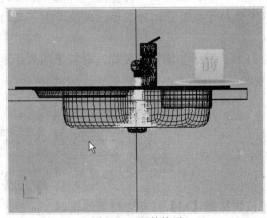

图 7.71 调整粒子

(12) 选中粒子，打开 (修改)面板，在进行"绑定到空间物体"操作的时候，系统自动为粒子的修改堆栈添加了一个"动力学导向板绑定(WSM)"修改命令，如图 7.72 所示。点击"SuperSpray"并打开"粒子类型"卷展栏，在面板中对粒子的形状进行设置。在粒子类型中选择粒子的类型为"标准粒子"并在标准粒子所属的项目中选择粒子的形状为"球体"，如图 7.73 所示。

图 7.72　空间绑定

图 7.73　粒子类型

(13) 这时粒子并没有在视图中显示出球体，如果想要在视图中显示出球体，只需在"基本参数"卷展栏中将视口的显示方式设置成"网格"，如图 7.74 所示。

图 7.74　显示设置

注：网格显示会耗用显卡的资源，如果粒子量大的话会造成视图的操作缓慢，一般情况下可以降低粒子数百分比的显示，或使用十字叉的方式显示，使粒子对显卡资源消耗大大降低。

(14) 打开"粒子生成"卷展栏，对粒子的大小进行设置，并将粒子的数量调大，如图 7.75 所示。

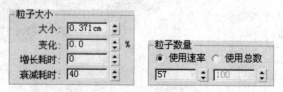
图 7.75　粒子设置

(15) 按快捷键【M】打开"材质编辑器"面板，选择一个空的材质球，并将材质指定给粒子，调整完的粒子如图 7.76 所示。

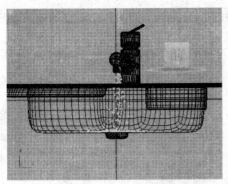 

图 7.76 材质指定

(16) 在"材质编辑器"面板中选择指定给粒子的材质,调整其"漫反射颜色"为蓝色(RGB 值分别为 Red=150,Green=180, Blue=200),如图 7.77 所示。"高光级别"为 196 左右,"光泽度"为最大值 100,如图 7.78 所示。

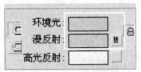 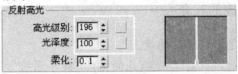

图 7.77 漫反射　　　　　　图 7.78 高光级别

(17) 勾选"面帖图"选项,如图 7.79 所示。

图 7.79 面贴图

(18) 在"不透明度"贴图通道上添加一个"渐变坡度"贴图,设置其渐变类型为"径向"。在"漫反射"颜色贴图通道上加入一个"遮罩"贴图,设置其遮罩贴图为"渐变坡度"类型,并设置其渐变类型为"径向",如图 7.80 所示。

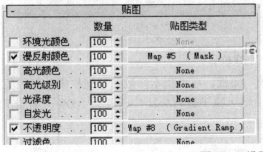 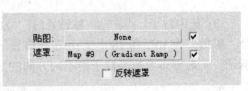

图 7.80 设置不透明度

(19) 选中粒子,单击鼠标右键打开"对象属性"对话框,在"运动模糊"项目中设置模糊类型为"图像"并勾选"启用"复选框,为粒子设置运动模糊效果,如图 7.81 所示。

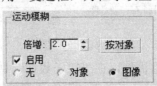

图 7.81 设置运动模糊

(20) 给场景设置一个摄像机，并调整像机位置，最后将结果渲染成动画，如图 7.82 所示。

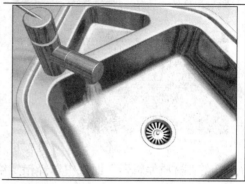

图 7.82 设置完成

7.6.2 绽放的礼花

(1) 重置 3ds Max 场景。

(2) 选择 (创建)/ (几何体)/"粒子系统"，选择"超级喷射"粒子，在上视图中拖动鼠标创建一个粒子，如图 7.83 所示。

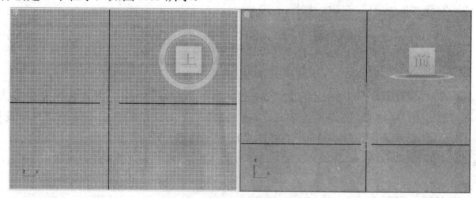

图 7.83 创建粒子

(3) 选中粒子，点击 (修改)打开"修改"面板，在"基本参数"卷展栏中分别设置两个"扩散"为 16°和 180°，并在视口显示中将"粒子数百分比"设置为 100%，如图 7.84 所示。扩散度影响的是粒子在不同方向的散布。

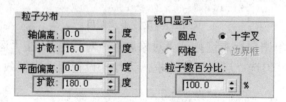

图 7.84 粒子设置

(4) 点击打开"粒子生成"卷展栏，在"粒子数量"中选择"使用总数"选项，并将发射粒子的数量设置为 7 个，在"粒子运动"项目中设置粒子的速度为 30，如图 7.85 所示。

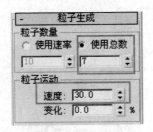

图 7.85 粒子设置

(5) 点击 按钮,在弹出的对话框中将动画的长度设置成 200 帧。选择场景中的粒子,回到"修改"面板,打开"粒子参数"卷展栏,将"发射停止"设置为 50,"显示时限"设置为 200,"寿命"设置为 40,如图 7.86 所示。

图 7.86 粒子计时

(6) 点击"粒子繁殖"卷展栏打开面板。选择粒子的繁殖类型为"消亡后繁殖",并将"繁殖数目"设置为 1,"影响"设置为 80%,"倍增"设置为 200,"变化"设置为 10,让粒子随机地运动,如图 7.87 所示。

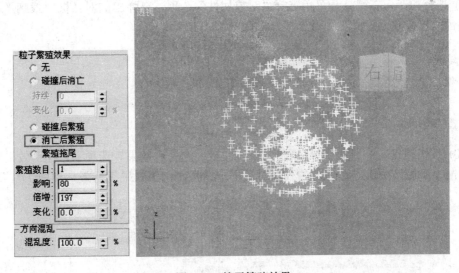

图 7.87 粒子繁殖效果

(7) 打开"基本参数"卷展栏,将粒子的显示方式设置为"网格"方式。关闭"基本参数"卷展栏,打开"粒子生成"卷展栏,将粒子的"大小"设置为 2,如图 7.88 所示。

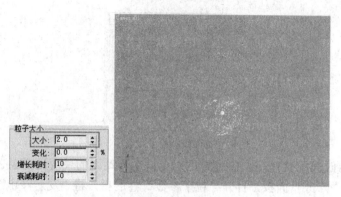

图 7.88 粒子大小

(8) 按快捷键【M】打开"材质编辑器"面板,给粒子指定一个空白材质球。在"漫反射"帖图通道帖上一张"粒子年龄"帖图,粒子年龄帖图的作用在于让粒子随着时间的变化而改变颜色。其中颜色 #1 为 RGB(250,210,45),颜色 #2 为 RGB(150,255,100),颜色 #3 为 RGB(200,25,255);年龄 #1 的参数为 0,年龄 #2 的参数为 40,年龄 #3 的参数为 80,并将材质的自发光参数设置为 100,如图 7.89 所示。

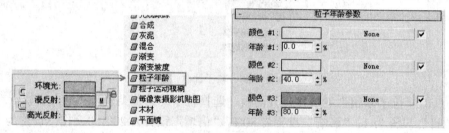

图 7.89 粒子材质

(9) 选择粒子,右键打开菜单选择"对象属性"选项,在弹出的对话框中找到"运动模糊"项目,将参数设置成"图像"模式,如图 7.90 所示。

图 7.90 运动模糊

(10) 按快捷键【8】打开"环境与效果"面板,选择"效果"选项卡,在"效果"卷展栏中点击"添加"按钮,在弹出的列表对话框中选择"镜头效果"特效,如图 7.91 所示。

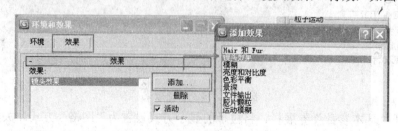

图 7.91 镜头效果

(11) 往下拖动面板，打开"镜头效果参数"卷展栏，将"Glow"(辉光)效果添加到右边的窗口中，如图 7.92 所示。

图 7.92　添加辉光

(12) 为方便参数调节，在预览项目中勾选"交互"选项，并点击"更新场景"按钮，打开"预览"窗口，如图 7.93 所示。

图 7.93　效果预览

(13) 按快捷键【M】打开"材质编辑器"面板，将赋给粒子的"材质 ID"通道设置为 1 号，如图 7.94 所示。

图 7.94　材质 ID 通道

(14) 回到"环境与效果"面板的"效果"选项卡中。打开"光晕元素"卷展栏。在"参数"选项卡中设置"大小"为 0.05，"使用源色"为 100，这个参数可以让光晕的颜色继承粒子的颜色。点击"选项"选项卡，勾选"材质 ID"复选框，并设置参数为 1。这个"1"就是刚才为材质设置的 ID 通道，如图 7.95 所示。

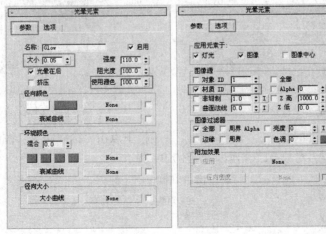

图 7.95　辉光设置

(15) 此时,将动画镜头设置好并输出视频,礼花的制作就完成了,如图 7.96 所示。

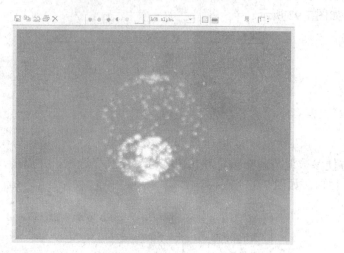

图 7.96 完成的效果

7.6.3 热气腾腾的咖啡

(1) 重置 3ds Max 场景,打开配套光盘中的"热气腾腾的咖啡-开始.max"文件,场景中显示的是一杯咖啡,如图 7.97 所示。

(2) 点击 (创建)/ (几何体)/"粒子系统"/"粒子阵列",在上视图中创建一个粒子阵列,如图 7.98 所示。

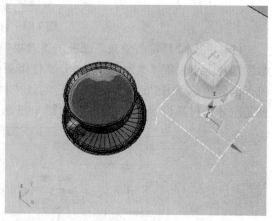

图 7.97 测试场景　　　　　　　图 7.98 粒子阵列

(3) 打开"修改"面板,在"基本参数"卷展栏中点击"拾取对象"按钮将场景中的咖啡要散发热气的模型"对象01"拾取,如图 7.99 所示。

图 7.99 拾取对象

(4) 在"视口显示"项目组中设置粒子数显示百分比为 100%，并设置显示方式为"网格"方式。

(5) 打开"粒子生成"卷展栏，在"粒子运动"项目组中设置"速度"为 0.5，"变化"为 0.25，在"粒子计时"中设置"发射停止"、"显示时限"的值为 200，"寿命"和"变化"的值为 80，在"粒子大小"项目组中，设置粒子"大小"为 3.05，"增长耗时"设置为 10，"衰减耗时"设置为 50，如图 7.100 所示。

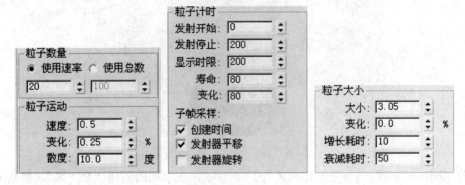

图 7.100　粒子设置

(6) 打开"粒子类型"卷展栏，设置粒子类型为"标准粒子"，在"标准粒子"项目组中设置粒子形态为"面"，如图 7.101 所示。

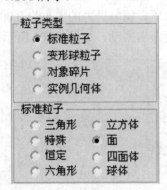

图 7.101　粒子类型

(7) 在"旋转和碰撞"卷展栏中，将"自旋时间"设置为 200 帧，让粒子从发散出来开始缓慢地旋转。"变化"设置为 8，"相位"设置为 1.5，如图 7.102 所示。

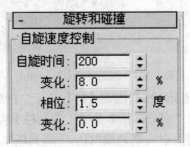

图 7.102　旋转和碰撞

(8) 调整完成后的粒子如图 7.103 所示。

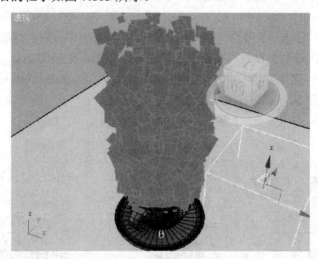

图 7.103 完成粒子设置

(9) 点击 (创建)/ (空间扭曲)/"力"/"风",在上视图创建一个"风",调整风的位置让风吹的箭头方向朝着咖啡的方向,打开 自动关键点 (切换自动关键点模式)按钮,在 200 帧范围内给风物体做一段上下摆动的动画。

(10) 选择"粒子"阵列,点击主工具栏上的 (绑定到空间扭曲)命令将粒子和风绑定到一起,这时明显看到风力过大了。调节风力的大小为 0.002,这时拖动时间滑块观看动画可以发现粒子受到风力的影响而左右摆动,如图 7.104 所示。

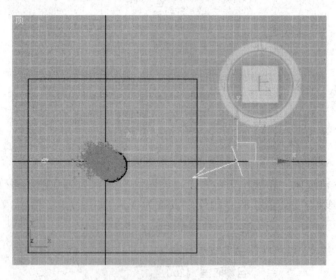

图 7.104 添加"风力"并绑定

(11) 接下来为粒子指定材质。按快捷键【M】打开"材质编辑器"面板,在面板中给粒子指定一个空白材质球。在"明暗器基本参数"卷展栏中将粒子设置为"面帖图"方式。

(12) 把"环境光"和"漫反射"都调成白色,"高光级别"和"光泽度"都调为 0,勾选"自发光"选项,设置自发光的"颜色"为偏向白的灰色,如图 7.105 所示。

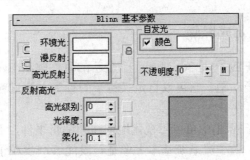

图 7.105 设置材质

(13) 在"Blinn 基本参数"卷展栏中把"不透明度"选项的值设置为 0。点击旁边的小按钮,在弹出的对话框中为"不透明度"通道指定一张"渐变"贴图,在渐变贴图中设置渐变的类型为"径向"方式,如图 7.106 所示。

图 7.106 渐变设置

(14) 返回到上一层级,将"不透明度"通道的大小设置为 2,如图 7.107 所示。

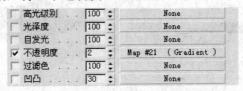

图 7.107 不透明度设置

(15) 此时,这个粒子效果就完成了,将动画输出生成视频,如图 7.108 所示。

图 7.108 完成的效果

7.6.4 PF 粒子——鱼儿成群游

Particle Flow(简称 PF 粒子)是 3ds Max 一个全新的事件驱动(Eventdriven)型的粒子系统，用于创建各种复杂的粒子动画。它可以自定义粒子的行为，测试粒子的属性，并根据测试结果将其发送给不同的事件。

在 Particle View(粒子视图)中可以可视化地创建和编辑事件，而每个事件都可以为粒子指定不同的属性和行为。粒子流系统基本上像是一段能够产生粒子的程序，这段程序可以影响粒子的运动，改变粒子的属性，测试粒子与场景中其它对象的相互作用，并且可以定义每个时间点上粒子的状态和行为。

由于 Particle Flow 系统的功能非常强大，基本上原有的各种粒子系统都可以被取代，而且它能和 Maxscript 脚本语言紧密结合，实现各种复杂的效果。

PF 粒子使用了单独的控制面板，其操作方法也和 3ds Max 其它的几种粒子不同。PF 粒子采用了现在 MAYA、XSI 等很多软件所采用的节点式的操作方法，更为方便和直观。

这一小节通过一个简单的例子来学习 PF 粒子的简单运用。

(1) 重置 3ds Max 场景，打开配套光盘中的"鱼群游动-开始.max"文件，场景中显示的是一条鱼的模型，如图 7.109 所示。

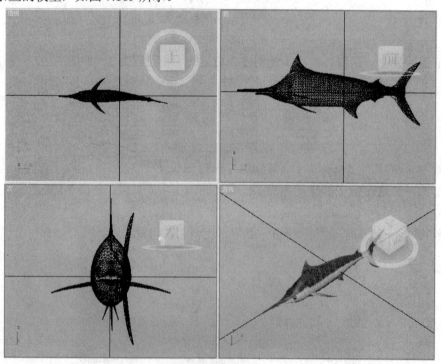

图 7.109 测试场景

(2) 现在为鱼制作鱼尾摆动的动画。选中鱼，打开 (修改)面板，在修改器中给鱼添加一个"弯曲"命令。将"方向"参数设置为 90 以限制鱼尾的摆动方向，勾选"限制效果"选项，并将"上限"设置为 1.089，"下限"设置为–0.01，这两个参数的作用是控制弯曲的范围，如图 7.110 所示。

第 7 章 3ds Max 基础动画技术 · 219 ·

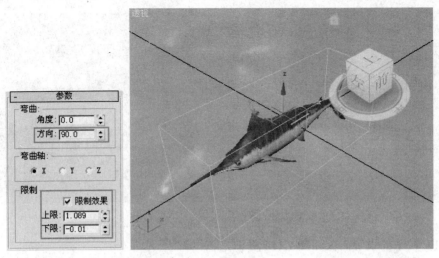

图 7.110 游动动画

(3) 点击 自动关键点 (切换自动关键点模式)按钮，选中鱼，拖动时间滑块到第 0 帧的位置，将"角度"的值设置为 100，再拖动时间滑快到第 5 帧，将"角度"的值设置为-100。关闭 自动关键点 按钮，在时间栏上选中第 0 帧关键帧，拖动鼠标将其复制到第 15 帧的位置，如图 7.111 所示。

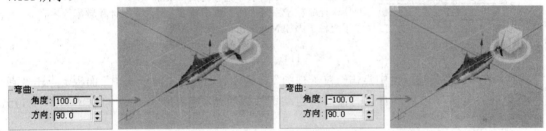

图 7.111 游动设置

(4) 打开"曲线编辑器"对话框，点击 (过滤器-动画轨迹切换)按钮将动画曲线过滤出来，在左边的层次窗口中选择"角度"项目，选择 按钮将循环模式设置为"周期"模式，如图 7.112 所示。拖动时间滑块，鱼尾已经不停地在摆动了。

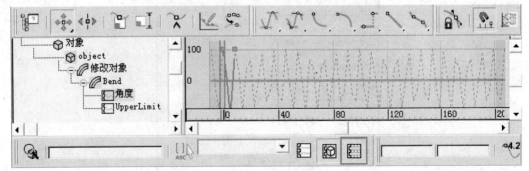

图 7.112 设置循环

(5) 选择 (创建)/ (几何体)/"粒子系统"选项，选择"PF Source"粒子，拖动鼠标在上视图中创建一个 PF 粒子，如图 7.113 所示。

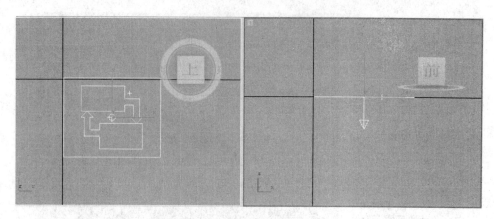

图 7.113 创建 PF Source 粒子

(6) PF 粒子的设置面板如图 7.114 所示。

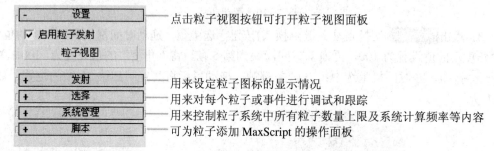

图 7.114 面板参数

(7) 在"设置"卷展栏中点击"粒子视图"按钮，可以打开"粒子视图"面板。点击"事件"里的"行为"项目，右边的窗口将自动切换成所选动作的"属性"面板，如图 7.115 所示。

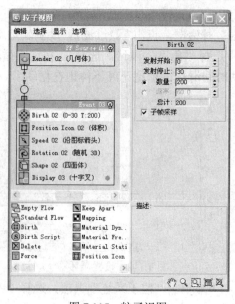

图 7.115 粒子视图

(8) 选择 "Display 01" 命令，在其 "属性" 面板中将 "类型" 设置为 "几何体" 方式，如图 7.116 所示。

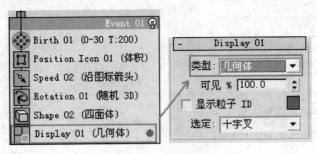

图 7.116 类型设置

(9) 在粒子视图下方选择 "Shape Instance" 选项将其拖动到 "Shape 02" 上方，待出现一个红色线条时将鼠标释放，这时 "Shape Instance" 就将原来的 "Shape" 替换了。选择 "Shape Instance" 选项，在其 "属性" 面板中点击 "无" 按钮，将场景中鱼的模型拾取，如图 7.117 所示。

(10) 选择 "Rotation 01" 选项，在其 "属性" 面板中设置方向矩阵内的 "参数" 为 "速度空间跟随"，并将 Z 参数设置为 180，让鱼头的方向变成沿粒子发射的方向，如图 7.118 所示。

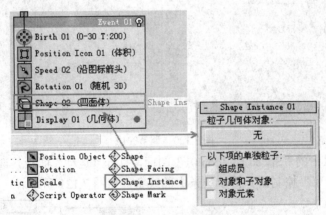

图 7.117 设置形状

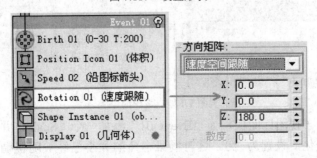

图 7.118 旋转方向

(11) 在 "粒子视图" 下方选择 "Speed By Icon" 选项，拖动它将 "Speed 02" 替换，这时场景中出现一个可以拖动的图标，如图 7.119 所示。

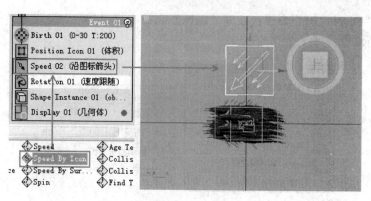

图 7.119 设置"Speed By Icon"

(12) 选择 (创建)/ (图形)/"线"在上视图中绘制一条封闭的曲线。选中线条,在"修改"面板下选择"顶点"层级并选中所有的点,将点的类型设置为"平滑"模式,手动调节曲线上的点,使其转弯的地方过渡更加平滑。将 PF 粒子和 Speed By Icon 01 图标移动到线条上,调节完成后的线如图 7.120 所示。

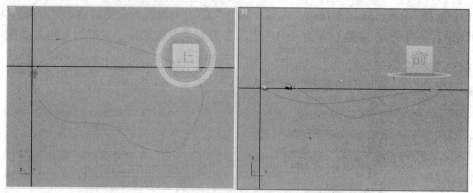

图 7.120 调节完成

(13) 选择场景中的"Speed By Icon 01"图标,打开"运动"面板,选择"位置"项目,为其指定"路径约束"控制器并拾取场景中的线条,如图 7.121 所示。

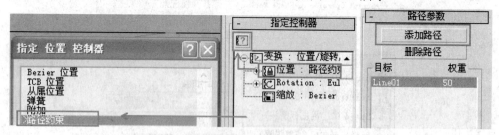

图 7.121 路径约束

(14) 回到"粒子视图"面板,为"Event 01"添加一个"Scale"并将"比例因子"设置为 62,"缩放变化"设置为 20。这时场景中鱼的大小已经被随机调整了,如图 7.122 所示。

(15) 再为"Event 01"添加一个"Keep Apart"并将其"核心半径"设置为 5,"衰减区域"设置为 5,这两个参数控制粒子间的距离,防止粒子间的碰撞,如图 7.123 所示。

第 7 章 3ds Max 基础动画技术

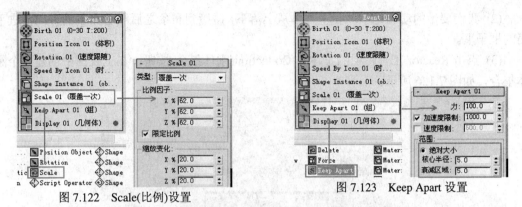

图 7.122 Scale(比例)设置　　图 7.123 Keep Apart 设置

(16) 拖动时间滑块，这时鱼已经随着线条的方向成群结伴地游动了，如图 7.124 所示。

图 7.124 完成的效果

7.7 Reactor 动力学

Reactor 系统是 3ds Max 的一个内置的模拟动力学的外挂程序，它的功能强大，可以真实地模拟自然界中碰撞、柔体、布料、弹簧、缓冲器、马达、玩具车等效果。

7.7.1 小球入筐

(1) 重置 3ds Max 场景，打开配套光盘中的"小球入筐-开始.max"文件，如图 7.125 所示。

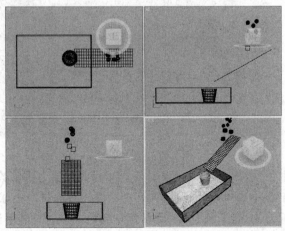

图 7.125 测试场景

(2) 我们要做的动画是小球和正方体从上落下，碰撞到布条之后顺着布条的方向落进下面的框子里。

(3) 点击 Reactor 工具栏上的 RB Collection(刚体集合)按钮，在上视图中创建一个刚体集合，如图 7.126 所示。

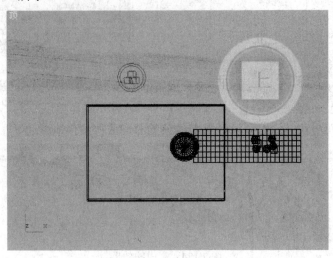

图 7.126　创建刚体集合

(4) 选中刚体集合，打开 (修改)面板，在 RB Collection Properties(刚体集合属性)中点击"Pick"(拾取)按钮，将场景中的除了布条以外的模型选中，并添加到刚体集合中，如图 7.127 所示。

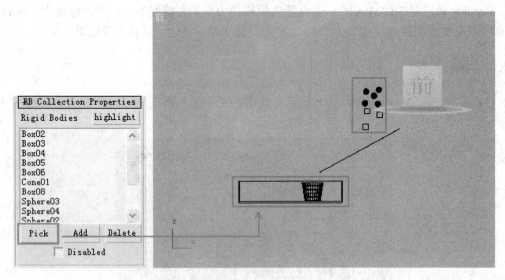

图 7.127　拾取物体

(5) 接下来为刚才添加的刚体集合的物体设置重量、摩擦力等参数。点击"Reactor"工具栏上的 Property Editor(属性编辑)按钮打开对话框。将场景中小球的 Mass(重量)设置为 3，正方体的 Mass 设置为 4，池子的 Mass 设置为 0(因为模拟的时候不让它动)，小框的 Mass 设置为 8，如图 7.128 所示。

第 7 章　3ds Max 基础动画技术　　·225·

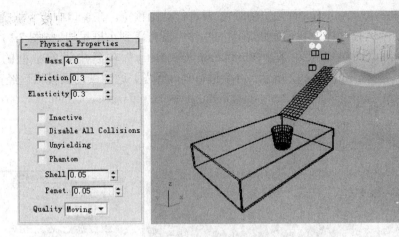

图 7.128　设置重量

(6) 选中场景中的布条物体，点击"Reactor"工具栏上的 Apply Cloth Modifier(应用布料修改器)为布条添加一个修改器，打开 (修改)面板中 Reactor Cloth 下的 Vertex 层级，然后在场景中选择固定布条的两排顶点。在"Constraints"项目中点击"Fix Vertices"(固定点)按钮，然后将选择固定的点添进列表中，如图 7.129 所示。

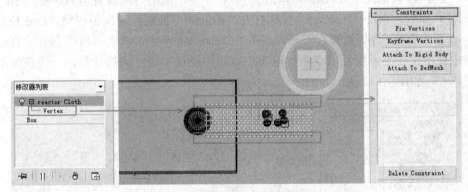

图 7.129　Reactor Cloth 设置

(7) 点击"Reactor"工具栏上的 Cloth Collection(布料集合)按钮，在场景中创建一个布料集合，在"修改"面板中将场景中的布条拾取到布料集合中，如图 7.130 所示。

图 7.130　拾取布料模型

(8) 点击 Preview Animation(预览动画)按钮进行动画预览。在窗口中按下快捷键【P】开始预览动画,动画运行过程中我们发现落下的物体并没有落到小框里边,如图7.131所示。则打开 (Property Editor)面板,在"Simulation Geometry"项目中设置小框的类型为"Concave Mesh"模式,如图7.132所示。再次进行动画预览,这时候动画模拟已经正确了。

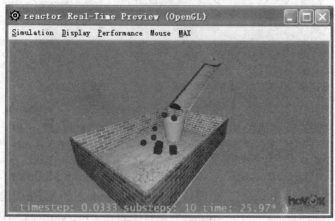

图7.131 动画预览　　　　　　　　图7.132 设置模式

(9) 点击 (时间配置)按钮,在弹出的对话框中将动画的时间设置为200帧。点击 (工具)按钮打开面板,点击"Reactor"按钮打开"Reactor"面板。在面板中将"End Frame(结束帧)"设置为200。将场景暂存一份,点击"Create Animation(创建动画)"按钮,在弹出的对话框中提示操作不可恢复,点击"确定"按钮,经过一段时间的计算,一段模拟动画就计算完成了,如图7.133所示。

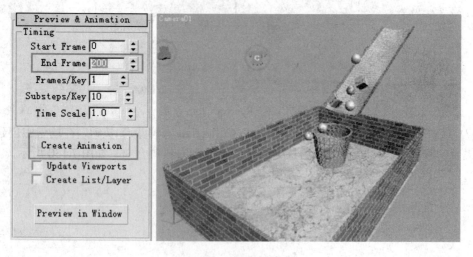

图7.133 完成的效果

7.7.2 风吹窗帘飘动

(1) 重置3ds Max场景,在场景中创建一面墙,并在中间开个窗口,如图7.134所示。

(2) 在窗口前绘制一个平面作为窗帘,并将平面的分段数长宽都设置为20,如图7.135所示。

第 7 章 3ds Max 基础动画技术 ▸227◂

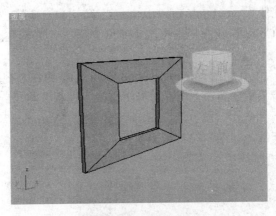

图 7.134 创建墙面

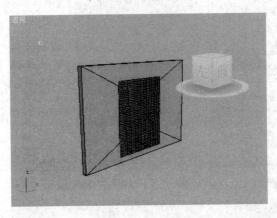

图 7.135 创建窗帘

(3) 点击 RB Collection(刚体集合)按钮为场景创建一个刚体集合,并将墙添加到刚体集合中。

(4) 点击 Apply Cloth Modifier(应用布料修改器)按钮为窗帘添加一个布料修改器,打开"修改"面板中"Reactor Cloth"下的"Vertex"层级,选中窗帘最上面的一排点,点击"Fix Vertices"按钮将其添加到列表中,如图 7.136 所示。

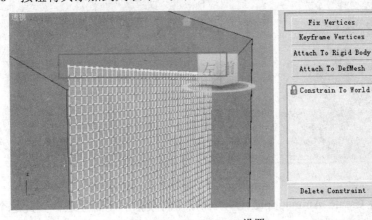

图 7.136 Fix Vertices 设置

(5) 下拉面板，勾选"Avoid Self-Intersections"(防止自身碰撞)选项。

(6) 点击 Cloth Collection(布料集合)在场景中创建一个布料集合，并将窗帘添加到布料集合中。

(7) 点击"Reactor"工具栏的 Create Wind(创建风)按钮在右视图中创建一个风，并调整风箭头的方向，让箭头指向窗帘方向。打开"修改"面板，将"Speed Wind"(风速)设置为 100。勾选"Perturb Speed"(湍流速度)选项，并设置"Variance"(变化)的参数为 5，这个参数可以增加风的紊乱，如图 7.137 所示。

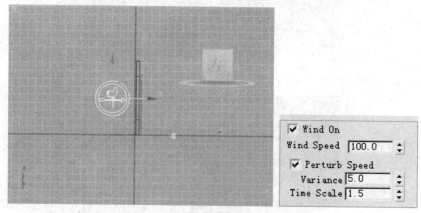

图 7.137　创建风

(8) 点击 Preview Animation(预览动画)按钮进行动画预览。在视口中按下快捷键【P】开始预览动画，这时窗帘已经在随风飘动了，如图 7.138 所示。

图 7.138　动画预览

(9) 点击 Create Animation(创建动画)按钮将模拟的动画生成，到此这个动画就完成了，如图 7.139 所示。

第 7 章　3ds Max 基础动画技术　　　　　　　　　　　　　　　　　　▸229◂

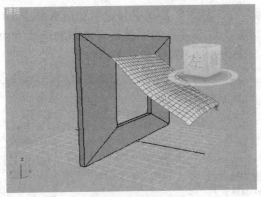

图 7.139　完成的效果

7.7.3　小车下坡

(1) 重置 3ds Max 场景，打开配套光盘的"小车下坡-开始.max"文件，如图 7.140 所示。

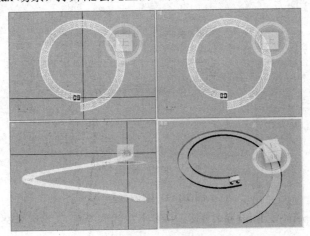

图 7.140　测试场景

(2) 点击 Toy Car(玩具车)按钮在上视图中创建一个玩具车。

(3) 选中 Toy Car(玩具车)，打开 (修改)面板，在"Toy Car Property"(玩具车属性)面板中，点击"Chassis"(车身底盘)旁边的"None"按钮并拾取场景中小车的车身模型，这时玩具车的图标的位置会自动移动到小车车身中心的位置。点击"Add"(添加)按钮，将小车的四个轮子分别添加到列表中，如图 7.141 所示。

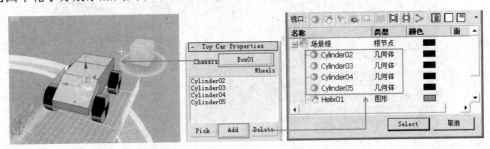

图 7.141　玩具车属性设置

(4) 选中玩具车图标，在"修改"面板中勾选"Spin Wheels"(车轮旋转)选项，这时玩具车的图标出现一个小箭头，这个箭头的方向是玩具车的运动方向，将玩具车箭头的方向在上视图中调整成和小车开动方向一致，如图7.142所示。

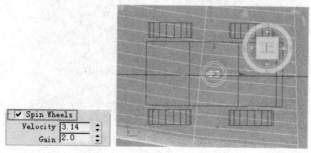

图 7.142　Spin Wheels 设置

(5) 点击 RB Collection(刚体集合)按钮在场景中创建一个刚体集合。选中刚体集合，在"修改"面板中将小车的所有组成部分的模型和滑梯的模型全添加到列表中(不包括动力学物体)，如图7.143所示。

图 7.143　刚体集合

(6) 点击 Property Editor(属性编辑器)将小车的四个轮子的重量全部都设置为10，将车身的重量设置30。

(7) 在"Simulation Geometry"(模拟几何学)卷展栏中将车和滑梯的模式设置成"Concave Mesh"(凹面体)模式。其它的模型设置成"Mesh Convex Hull"(凸面体)模式，如图7.144所示。

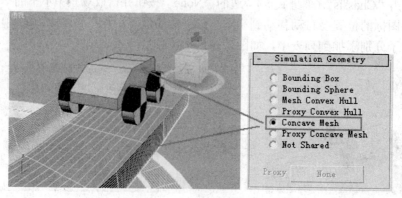

图 7.144　设置模拟模式

(8) 点击 ■Preview Animation(预览动画)按钮进行预览，这时小车的速度有点慢，则选择玩具车物体，打开"修改"面板，调整"Velocity"(速度)参数即可。

(9) 点击 ■Create Animation(创建动画)按钮将模拟的动画生成，这时可以得到一段小车行驶的动画了，如图 7.145 所示。

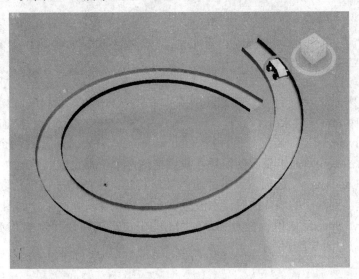

图 7.145　完成效果

7.7.4　碧波荡漾——水面的模拟

(1) 重置 3ds Max 场景，打开配套光盘的"水面模拟-开始.max"文件，如图 7.146 所示。

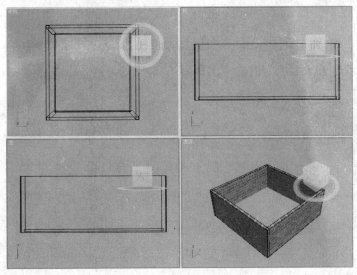

图 7.146　测试场景

(2) 点击 ■Create Water(创建水面)按钮在上视图中创建一个水面，如图 7.147 所示。

(3) 打开"修改"面板，在"属性"面板中调整"Size X"、"Size Y"的值，并使用"移动"工具调整位置，最终调整完的水面如图 7.148 所示。

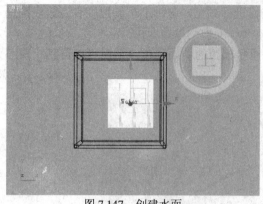
图7.147 创建水面

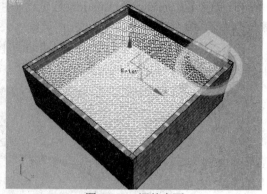
图7.148 调整水面

(4) "Subdivisions X"(X 细分值)和 "Subdivisions Y"(Y 细分值)这两个参数是设置水面的细分的,为了减少对显卡资源的消耗,我们把这两个值都设置成60。

(5) 勾选 "Landscape" 选项,点击旁边的按钮将场景中的池子模型拾取进去,这个参数可以让水波撞击到池子的墙体的时候水波跟真实环境一样反弹回来,如图7.149 所示。

(6) 将 "Wave Speed" 的值设置为 39.37、"Min Ripple" 的值设置为 3、"Max Ripple" 的值设置为 39.37,如图 7.150 所示。

图7.149 Landscape 拾取

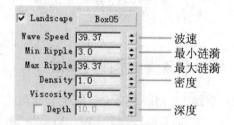
图7.150 参数设置

(7) 切换到上视图,在场景中创建三个正方体和两个球体,将其角度任意旋转,并将这几个模型的高度移动到水面上方的位置,如图7.151 所示。

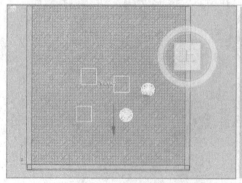
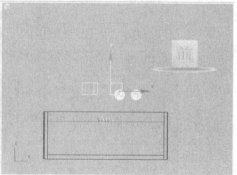

图7.151 创建物体

(8) 选中场景中除水面外所有的模型,点击 RB Collection(刚体集合)按钮,在场景中创建一个刚体集合,打开"修改"面板,这时可以发现场景中选中的模型已经自动添加到刚体集合列表中了。

(9) 点击 Property Editor(属性编辑器)按钮为场景中的模型设置属性。三个正方体的重量设置为 10，两个球体的重量设置为 20，在"Simulation Geometry"(模拟几何学)卷展栏中将池子的模型设置为"Concave Mesh"(凹面体)。

(10) 点击 Preview Animation(预览动画)按钮打开预览视口，按下快捷键【P】进行模拟，这时可以看到物体落入水中并激起一层一层的波浪，如图 7.152 所示。

图 7.152　动画预览

(11) 点击 (时间配置)按钮，将时间长度设置为 200 帧。

(12) 打开 (工具)面板，在"Preview&Animation"(预览与动画)卷展栏中将"End Frame"(结束帧)设置为 200 帧，点击 Create Animation(创建动画)按钮将动画生成。

(13) 这时的水面并不能渲染出来，要建立一个平面和它进行空间绑定。在上视图中创建一个和池子大小一样的平面，将其长和宽的分段数都设置为 40，调整完后在前视图将平面移动到 Water 位置。

(14) 点击 (绑定到空间扭曲)按钮，将平面和水面物体进行空间扭曲绑定。打开"修改"面板设置"Scale Stretch"的值为 20。播放动画就可以看到物体落入水中水波荡漾的动画了。

(15) 给场景中物体赋上材质将动画生成输出，到此这个动画就完成了，如图 7.153 所示。

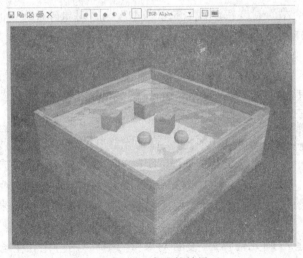

图 7.153　完成的效果

7.7.5 摔碎的花瓶

（1）重置 3ds Max 场景，打开配套光盘中的"摔碎的花瓶-开始.max"文件，场景中的是个花瓶的模型，如图 7.154 所示。

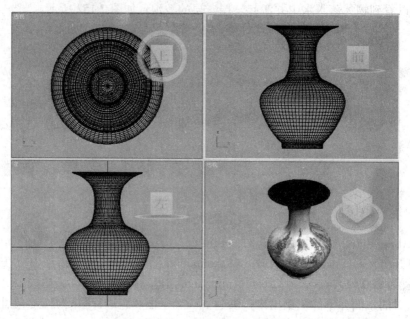

图 7.154 测试场景

（2）利用 Reactor 制作花瓶摔碎必须把花瓶分成许多不同形状的碎片物体，在这介绍一种简单方法制作碎片。选择 (创建)/ (几何体)/"粒子系统"，选择"粒子阵列"粒子，在上视图中拖动鼠标创建一个粒子。

（3）在"基本参数"卷展栏中点击"拾取对象"按钮拾取场景中的花瓶模型，将粒子的显示方式设置成"网格"方式，如图 7.155 所示。

（4）打开"粒子类型"卷展栏设置"粒子类型"为"对象碎片"，如图 7.156 所示。下拉面板在"对象碎片控制"项目中勾选"碎片数目"设置最小值为 50，并将厚度设置为 1，如图 7.157 所示。

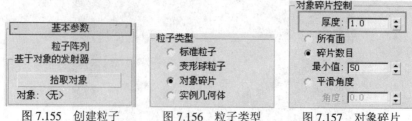

图 7.155 创建粒子　　图 7.156 粒子类型　　图 7.157 对象碎片

（5）将花瓶的材质指定给粒子，在"粒子类型"卷展栏点击"材质来源"按钮让粒子获取材质。

（6）选择 (创建)/ (几何体)/"复合对象"，选择"网格化"在场景中创建网格化物体，如图 7.158 所示。

图 7.158 拾取粒子

(7) 将网格化物体塌陷成可编辑多边形物体,为塌陷后的花瓶添加一个 UVW 贴图,将其贴图方式设置成"柱形",把塌陷花瓶之外全部的物体删除。

(8) 再次将花瓶塌陷成可编辑的多边形物体,选中"元素"层级,随意将花瓶按元素分离出来。

(9) 在花瓶下方创建一个平面作为地面。选中场景中所有的物体,点击 RB Collection(刚体集合)按钮创建刚体集合。

(10) 打开 Property Editor(属性编辑器),将花瓶所有组成部分重量设置为 10,将地面模型设置成"Concave Mesh"(凹面体)模式。

(11) 选中花瓶所有物体,点击 (Create Fracture)按钮在场景中创建一个破碎物体图标。这时花瓶物体已经自动添加到列表中了,如图 7.159 所示。

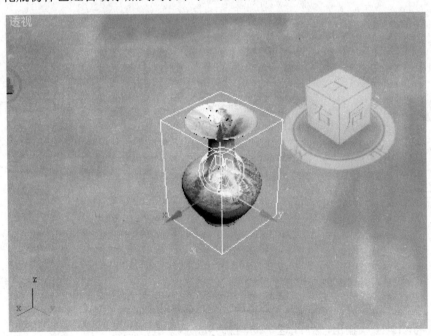

图 7.159 创建破碎物体

(12) 点击 Preview Animation(预览动画)打开预览窗口,按下快捷键【P】进行模拟。

(13) 窗口中可以看到花瓶接触到地面之后就破了,但是破碎的部分不是很多。

(14) 关闭模拟窗口,回到场景中,将花瓶距离地面的高度提高,再次模拟,花瓶破碎的部分增加了,这和真实环境是一样的,如图 7.160 所示。

图 7.160 动画预览

(15) 点击 ■(时间配置)按钮,将动画的长度设置为 200 帧。点击 ■(工具)打开面板,点击"Reactor"按钮打开"Reactor"面板,在面板中将"End Frame"(结束帧)设置为 200。

(16) 点击 ■(Create Animation)创建动画按钮生成动画,如图 7.161 所示。

图 7.161 完成的效果

(17) 将动画生成输出,到此这个动画就完成了。

7.7.6 转动的电风扇

(1) 重置 3ds Max 场景,打开配套光盘中的"转动的电风扇-开始.max"文件,如图 7.162 所示。

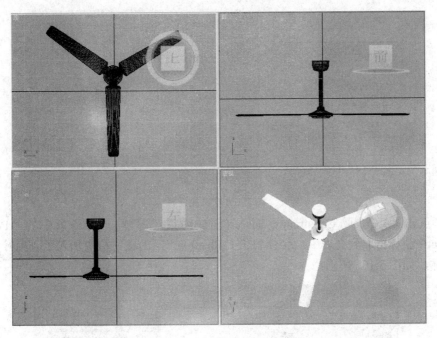

图 7.162 测试场景

(2) 点击 ⊞ RB Collection(刚体集合)创建刚体集合,将风扇的叶片部分添加到集合列表中。再次创建一个刚体集合,将叶片其它部分添加到刚体集合列表中。打开 ▤ Property Editor(属性编辑器)。将电风扇叶片部分的重量设置为 10,其它的部分设置为 0。

(3) 选中电风扇叶片模型,点击 ⊙ Create Motor(创建发动机)按钮在场景中创建一个发动机图标。打开"修改"面板,在"Properties"(属性)卷展栏中的"Rigid Body"参数已经自动将风扇的叶片模型添加进来了。将"Rotation Axis"(旋转轴)设置为沿 Z 轴旋转,如图 7.163 所示。

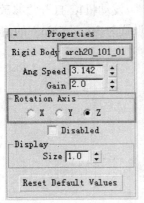

图 7.163 参数设置

(4) 点击 Create Point-Point Constraint(创建点)对点约束,在"修改"面板中点击"Child"(子物体)按钮将叶片拾取,如图 7.164 所示。

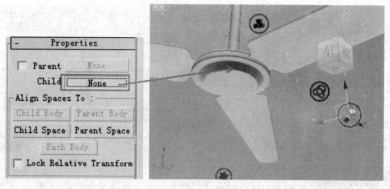

图 7.164 属性设置

(5) 点击 Create Constraints Solver(创建约束解算器)，将场景中的"Point-Point Constraint"图标拾取到列表中。点击"RB Collection"下的按钮拾取加入了风扇叶片的刚体集合物体，如图 7.165 所示。

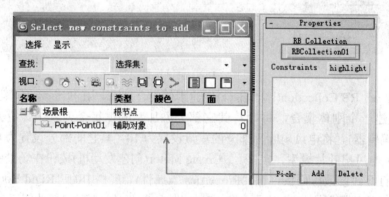

图 7.165 添加对象

注：加入约束的目的在于让叶片在模拟的时候固定到现有的位置而不受重力影响往下掉，如果不加约束，模拟的时候我们发现风扇叶片会一边旋转一边往下掉。

(6) 接下来设置发动机的速度和加速度。选择"Motor"(发动机)，打开"修改"面板，在"Properties"(属性)卷展栏中将"Ang Speed"(角速度)设置为 30，"Gain"的值设为 2，如图 7.166 所示。

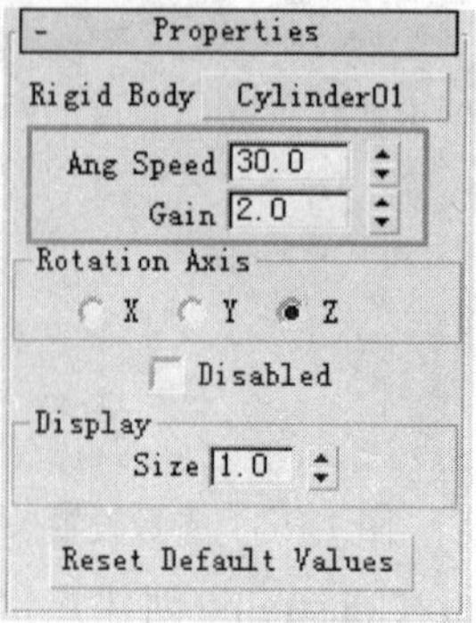

图 7.166 属性设置

(7) 点击 Preview Animation(预览动画)按钮打开预览视口，按下快捷键【P】进行模拟。观察可以发现风扇转动已经符合要求，最后将动画时间设置为 200 帧并将动画输出，如图 7.167 所示。

图 7.167　完成的效果

(8) 此时，这个动画就完成了。

7.8　Character Studio 简介

　　3ds Max 2009 中的 Character Studio 系统(如图 7.168 所示)为动画师制作三维角色动画提供了专业的解决方案。使用 Character Studio 可以为两足角色(称为两足动物)创建骨骼，然后通过各种方法使其具有动画效果。制作的方法多种多样，如果以手动方式制作动画效果，可以使用自由形式的动画，这种动画制作方式同样适用于多足角色，或者飞行角色、游动角色。使用自由形式的动画，可以通过传统的反向运动"IK"制作骨架的动画效果。

图 7.168　Character Studio 系统

也可以通过加载运动捕获文件或是使用动作捕捉制作两足动物骨骼的动画效果。您可以在这些方法之间来回转换，以充分利用其优势，如图 7.169 所示。

图 7.169　动作捕捉

对于两足角色，Character Studio 还提供了一个足迹动画功能，可以根据重心、平衡等调节角色的动画，如图 7.170 所示。

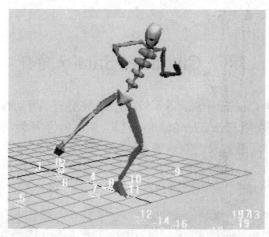

图 7.170　足迹动画

Character Studio 提供了将动画运动与角色结构分离的独特功能，运用该功能可以制作一些动作比较夸张的动画，比如，制作一个动物角色跨大步走路的动画。Character Studio 还可以使用动作库(BIP 文件)，为角色设置许许多多不同的动作，就像加载文件一样简单。

此外，Character Studio 还为运动编辑提供了全面的工具。用户可以使用动作脚本对动画关键帧进行更改，也可以通过层将不同的动画叠加在一起，或通过非线性运动混合器将它们混合在一起以达到不同的运动效果。

Character Studio 的组成：

Biped：用于创建骨骼并制作角色动画效果。可以将不同的动画合并成按序排列或重叠的运动脚本，或将它们分层。也可以使用 Biped 来编辑运动捕获文件。

Physique：修改器可以将骨骼和角色对象相关联并控制含有骨骼的角色对象。

群组功能：提供创建动画对象群组并制作其动画效果的工具，包括两足动物，如图 7.171 所示。

图 7.171　群组动画

7.8.1　忍者角色骨骼的创建

（1）重置 3ds Max 场景，打开配套光盘中"角色绑定-开始 .max"文件，这个角色是之前创建过的一个角色，现在要为角色创建骨骼并将其绑定，如图 7.172 所示。

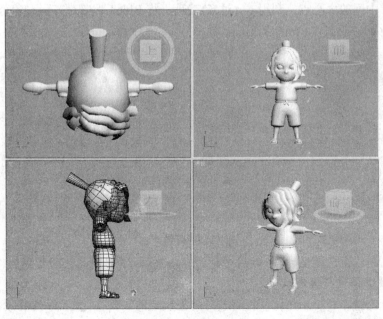

图 7.172　测试场景

(2) 点击 ▸(创建)/ ✱(系统)，点击"Biped"按钮在前视图创建一个 Biped 骨骼，如图 7.173 所示。

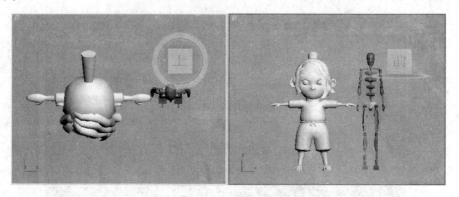

图 7.173 创建骨骼

提示：Biped 是 Character Studio 系统中自带的一个骨骼系统，它提供了创建站立角色姿态的骨骼。

(3) 选择骨骼模型，打开"运动"面板，在"Biped"项目组中点击 ☆(体形模式)按钮将体形模式激活，如图 7.174 所示。

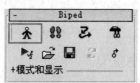

图 7.174 体形模式

提示：体形模式可以控制骨骼的外形，使之适合角色模型。

(4) 臀部中间的中心点，利用 ◆(对齐)工具，将 Biped 骨骼对齐到忍者角色的中心点，如图 7.175 所示。

图 7.175 骨骼对齐

提示：在制作角色模型时，一般用对称的方法制作，并且将角色的姿势制作成"大"字形，这样可以方便骨骼进行绑定。

(5) 为方便操作和防止在调节骨骼时对角色模式的误操作，这一步先将忍者角色冻结起来，如图 7.176 所示。

第 7 章　3ds Max 基础动画技术

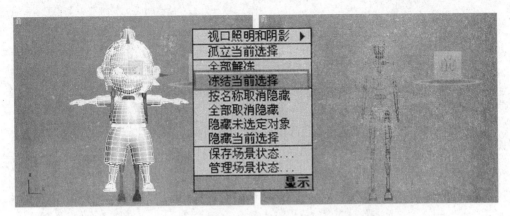

图 7.176　冻结模型

(6) 接下来对骨骼的形态进行调整，使之更符合角色的体形。

(7) 选择臀部中心的中心点，在前视图中将其位置移动到忍者角色臀部的位置。切换到左视图，将骨骼中心点的位置调整到角色中间的位置，如图 7.177 所示。

 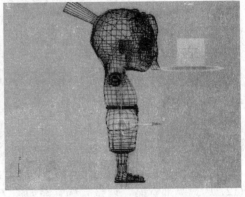

图 7.177　调节中心点

(8) 选择臀部骨骼，通过"缩放"工具调整臀部骨骼大小，如图 7.178 所示。

(9) 切换到左视图，继续调整臀部骨骼形态，如图 7.179 所示。

 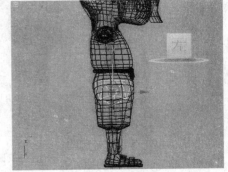

图 7.178　调整臀部　　　　　　　　　图 7.179　臀部

(10) 选择大腿骨骼，利用"旋转"和"缩放"工具调节骨骼形状使之匹配角色，如图 7.180 所示。

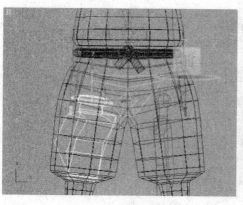 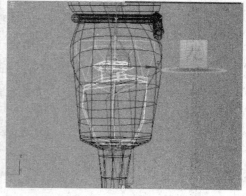

图 7.180　调整大腿骨骼

注意：在调节骨骼时，骨骼的活动关节要使之和角色的活动关节相匹配。

(11) 选择小腿骨骼，调整骨骼形状如图 7.181 所示。

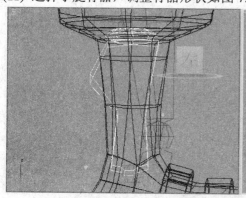 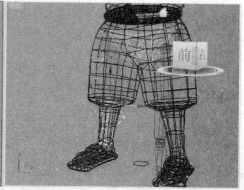

图 7.181　调整小腿骨骼

(12) 选择脚部骨骼，调整脚部骨骼如图 7.182 所示。

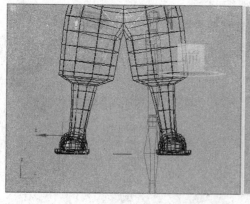 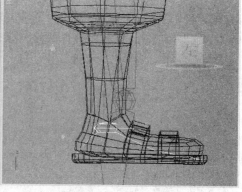

图 7.182　调整脚部骨骼

(13) 选择骨骼，打开"结构"卷展栏将脚趾的链接数设置为 1 段，如图 7.183 所示。

(14) 利用"旋转"工具旋转脚部骨骼，使其符合角色张开的形状。调节脚趾使之匹配角色模型，最终完成的脚部骨骼如图 7.184 所示。

 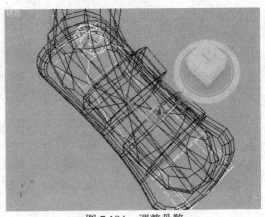

图 7.183 设置链接　　　　图 7.184 调整骨骼

(15) 选择脊椎部分的骨骼，调节这几节脊椎骨骼，使其高度调节到肩部的位置，如图 7.185 所示。

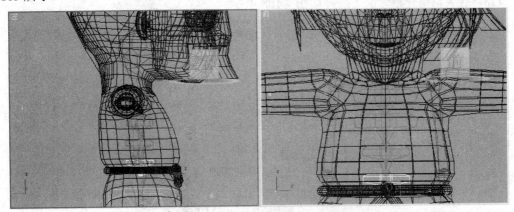

图 7.185 调整脊椎骨骼

(16) 打开"弯曲链接"卷展栏，点击 ）(弯曲链接)按钮激活弯曲链接模式，如图 7.186 所示。

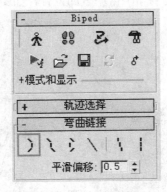

图 7.186 弯曲链接

(17) 选择脊椎最下面的一节骨骼，利用"旋转"工具将骨骼向背部的方向旋转。可以发现"弯曲链接"模式打开之后，在旋转的同时其它部分也随着骨骼在旋转，如图 7.187 所示。

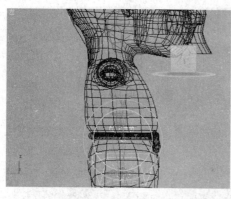 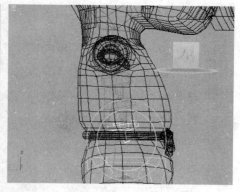

图 7.187 旋转骨骼

注意：在调整脊椎骨骼时，注意肩部骨骼和颈部骨骼的位置。调节时要同时在左视图中观察其位置，使肩部能和手的中心对齐。

(18) 继续调整脊椎骨骼形状，如图 7.188 所示。

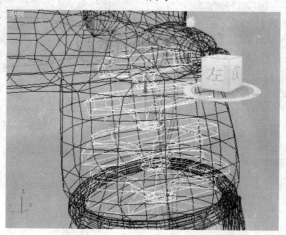

图 7.188 调整骨骼形状

(19) 选择手掌骨骼向上移动到和手臂平行的位置，如图 7.189 所示。

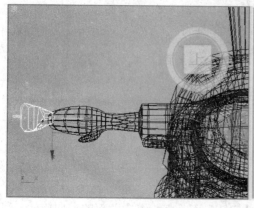 

图 7.189 调整手掌骨骼

(20) 调整整个手臂的骨骼形态，使之能与各角色形态匹配，如图 7.190 所示。

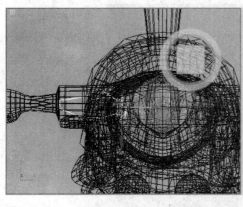 

图 7.190 调整手臂骨骼

(21) 调节手掌和手指的形状,如图 7.191 所示。

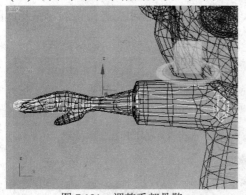 

图 7.191 调整手部骨骼　　　　图 7.192 调整骨骼形状

(22) 选择颈椎骨骼,调节前视图形状如图 7.193 所示。

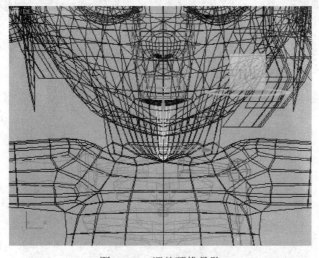

图 7.193 调整颈椎骨骼

(23) 切换到左视图,用"旋转"工具旋转颈椎骨骼使其和角色的颈部对齐,如图 7.194 所示。

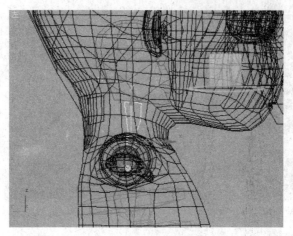

图 7.194 调整形状

(24) 通过"缩放"工具调整头部骨骼形态,使头部的大小能和忍者角色的形态相匹配,如图 7.195 所示。

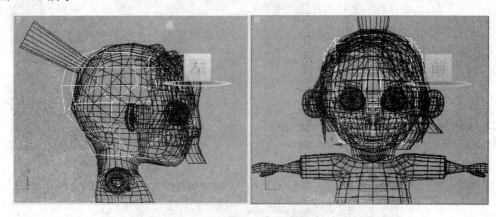

图 7.195 调整头部骨骼

(25) 切换到右视图,在视图中将头部旋转到与角色相匹配的位置,如图 7.196 所示。

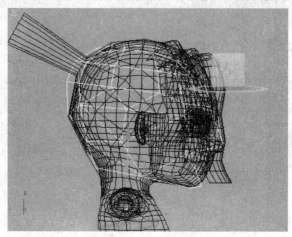

图 7.196 调整形状

(26) 通过上面的步骤我们已经调整完成了角色一半的骨骼形状,下面通过镜像复制的方法调整另一半的骨骼形态。

(27) 选中骨骼物体,将其单独显示,选中已经调整好的骨骼物体,如图 7.197 所示。

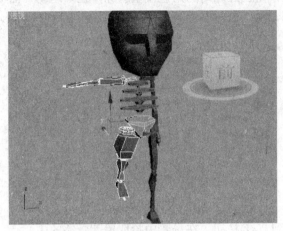

图 7.197 骨骼独立显示

(28) 切换到"运动"面板,打开"复制/粘贴"卷展栏,点击 (创建集合)按钮给刚才选中的骨骼创建一个新的集合。点击 (复制姿态)/ (向对面粘贴姿态)可以发现骨骼的形状已经自动调整完成了,如图 7.198 所示。

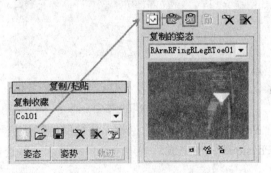

图 7.198 复制骨骼形态

(29) 图 7.199 和图 7.200 为调整完成后的骨骼姿态。

 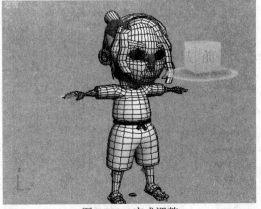

图 7.199 完成骨骼调整　　　　　　　图 7.200 完成调整

7.8.2 忍者角色骨骼的绑定

(1) 退出孤立模式,将已经冻结的角色模型解冻,在"运动"面板中将体形式关闭。

(2) 选中角色模型,在"修改"面板中为角色模型添加一个"Physique"修改器,如图7.201所示。

图 7.201　Physique 修改器

(3) 点击 (附加到节点)按钮,在场景中拾取臀部骨骼的中心点,如图 7.202 所示。

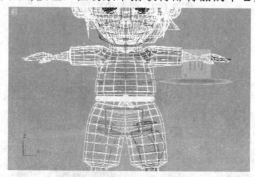

图 7.202　拾取骨骼中心点

(4) 随后弹出一个"Physique 初始化"对话框,参数保持默认值不变,如图 7.203 所示。点击"初始化"按钮,Physique 蒙皮完成后,角色会自动显示一些连接着的骨骼的黄线,如图 7.204 所示。

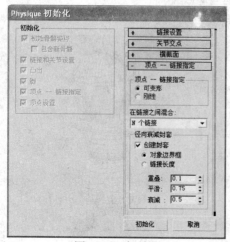

图 7.203　初始化

图 7.204　骨骼连接线

(5) 选择脚部骨骼，将骨骼向上移动，可以发现角色也随着骨骼在运动。但有些地方的蒙皮不合理，有的出现拉抻，转动头部，头部出现奇怪的变形，如图 7.205 所示。

图 7.205　蒙皮变形

(6) 为方便进行蒙皮的调节，先调入一个事先调好的动作。选中骨骼，打开"运动"面板，在"Biped"卷展栏下点击 (打开文件)按钮，在弹出的对话框中选择配套光盘中路径为"第七章\体操动作.BIP"，确认之后角色就调入了一段动作，如图 7.206 所示。

图 7.206　导入 BIP 文件

(7) 在"修改"面板中选择"封套"层级，选择头部骨骼连接线，取消"可变形"并勾选"刚性"选项。头部设置刚性封套是为了避免头部运动时，旋转带来的脸部变形。调整"径向缩放"、"父对象重叠"、"子对象重叠"等参数可以控制封套对蒙皮的影响范围。点击"明暗处理"按钮可以很直观地看到封套对蒙皮的影响范围，如图 7.207 所示。

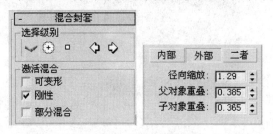

图 7.207　混合封套调节

(8) 点击 □(控制点)按钮,在"封套参数"项目组中,打开"外部"按钮,选择外部封套的点让其控制到头发末端的位置,如图 7.208 所示。

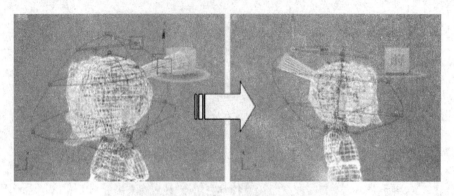

图 7.208 头部封套

(9) 选中颈部的连接线,调整"径向缩放"、"父对象重叠"、"子对象重叠"参数,使其不会随着动画出现拉伸,如图 7.209 所示。

图 7.209 调节完成后的颈部封套

(10) 利用同样的方法调节手臂和锁骨部分的封套。在调节的过程中要仔细观察蒙皮,除了调节不让蒙皮拉伸之外还要注意封套的影响范围,每个封套间互相影响的范围要控制好。

(11) 调节锁骨处的封套,如图 7.210 所示。

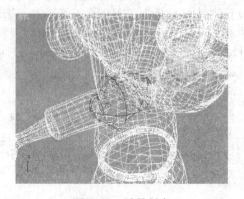

图 7.210 锁骨封套

(12) 调节完成的手臂封套，可以用"粘贴/复制"的方法将调节好的封套参数粘贴到另外一边对称的封套上，如图 7.211 所示。

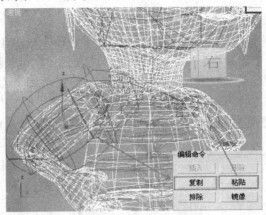

图 7.211　调节手臂封套

(13) 调节大腿处封套，如图 7.212 所示。

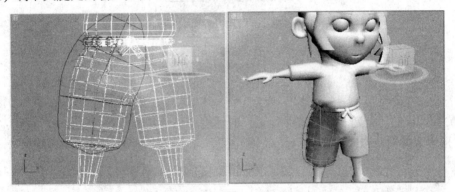

图 7.212　调节大腿封套

(14) 将剩余的封套用同样的方法进行调节，这是一个漫长而细致的过程，在调节过程中需仔细认真地进行调节，以求达到最好的蒙皮效果。蒙皮的好坏也直接影响到后边动作调节及角色动画的美观，如图 7.213 所示。

图 7.213　调节完成效果

7.8.3 自动足迹动画的使用

本小节学习自动足迹动画的使用方法。

(1) 重置 3ds Max，打开第一节中已经绑好的骨骼角色模型，选择骨骼物体，右键打开"四元"菜单，在菜单中选择"隐藏未选定对象"将角色模型暂时隐藏。

提示：将角色模型隐藏可以方便选择骨骼对象和测试动画，这在角色模型精度高占用系统资源大时是非常有用的。

(2) 选中其中一个骨骼模型，点击 ⊙(运动)/"Biped"卷展栏/ ♣♣ (足迹模式)/ ✦ (创建多个足迹)，如图 7.214 所示。

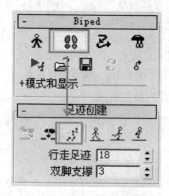

图 7.214 足迹模式

(3) 在弹出的"创建多个足迹：行走"对话框中将"足迹数"设置为 8，设置完成后点击确定按钮，如图 7.215 所示。

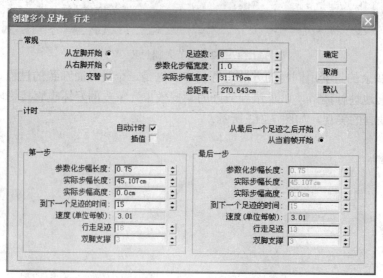

图 7.215 "创建多个足迹：行走"面板

(4) 点击打开"足迹操作"卷展栏，点击 ♣♣ (为非活动足迹创建关键帧)按钮，这时系统为 Biped 骨骼创建一段走路的动画，拖动时间滑块观看动画，发现角色走路姿势有点别扭，而且手摆动的位置太靠近身体了，如图 7.216 所示。

图 7.216　创建足迹动画

(5) 下面通过微调来调节角色的足迹动画。如果在视图中没有看到创建出来的足迹，打开"Biped"卷展栏，点击"模式和显示"前的"+"号展开菜单，在"显示"项目组中选择 ![icon] (显示足迹和编号)按钮，这时场景中就会出现足迹和足迹编号，如图 7.217 所示。

图 7.217　显示足迹和编号

(6) 选中所有的足迹，在"足迹操作"卷展栏中去掉"长度"前的勾，将"缩放"的值设置成 1.4，如图 7.218 所示。

图 7.218　设置参数

(7) 点击 ![icon] (足迹模式)按钮，将足迹模式关闭，打开 自动关键点 (自动关键帧)按钮，并将 ![icon] (关键点模式切换)激活。在第 0 帧处，选择手臂骨骼，打开 ![icon] (对称)按钮，将坐标轴设置为局部坐标系，使用 ![icon] (旋转)工具将手臂向外旋转使其动作时不插到身体里，如图 7.219 所示。

图 7.219　调节手部动画

(8) 点击 ▶ (下一关键点)按钮将关键帧跳转到第 30 帧，用同样的方法将手臂向外旋转同一个角度。

(9) 运用相同的方法，对剩余的手臂的关键帧进行调整，在调节过程中注意要在手臂有关键帧的地方进行调节。调节完成后，将"自动关键点"按钮关闭。

(10) 将隐藏的角色显示出来，播放动画观察动画效果，到此就调好了一段走路的动画，还可以通过点击 🖫 (保存文件)按钮把这个动作文件保存起来，方便以后调用。选择整个骨骼，右键打开右键菜单，在菜单中选择"对象属性"，在弹出的对话框中找到"渲染控制"项目组，并将"对摄影机可见"前的勾去掉，点击确定按钮。这样在渲染动画时，骨骼物体将不会被渲染出来，如图 7.220 所示。

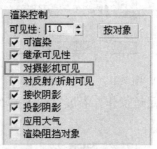

图 7.220　骨骼渲染设置

7.9　应用案例

7.9.1　调节忍者角色的走路动画

打开骨骼绑定好的角色模型，本小节学习使用关键帧工具为角色调一段走路的动画。

(1) 在角色前创建一个平面作为角色行走的地面，这个平面只作为参照使用。隐藏角色的"网格"模式，只留下骨骼，方便进行调节测试，如图 7.221 所示。

图 7.221 创建测试场景

(2) 打开"运动"面板,展开"关键点信息"卷展栏。进行下一步前,先了解一下这几个图标的功能。

● (设置关键点):相当于自动关键点设定功能;

✕ (删除关键点):删除关键点;

▲ (设置踩踏关键点):用于将骨骼固定位置;

▲ (滑动关键点):主要用于变换轴心;

▲ (自由关键点):当骨骼腾空时使用自由关键帧确定它的位置,如图 7.222 所示。

图 7.222 关键点信息

(3) 首先,以 10 帧为一个单位,先做角色的移动。按快捷键【F12】打开"移动变换输入"对话框,选中骨盘的中心点,从第 0 帧开始每隔 10 帧向前移动 15 个单位,同时点击 ● 按钮设置关键帧,如图 7.223 所示。

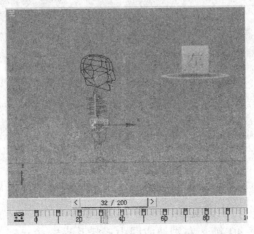

图 7.223 每 10 帧移动 15 个单位

提示：移动的幅度在"移动变换输入"对话框的 X 轴输入。

(4) 滑动时间块到第 0 帧，选择左脚，点击 (设置踩踏关键点)按钮将左脚固定住，这时左脚上会出现一个小红点说明左脚已经被固定住了。同样在第 0 帧的位置选择右脚点击 按钮在第 0 帧位置创建一个关键帧。滑动时间块到第 10 帧，将右脚抬起到如图所示的位置，点击 按钮创建一个自由关键帧，如图 7.224 所示。

提示：在调节动画时，可以点击 (轨迹)按钮显示运动轨迹。

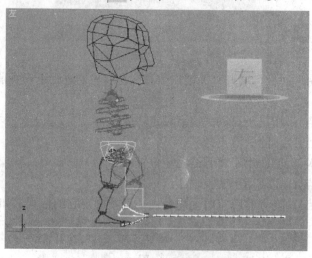

图 7.224 第 10 帧关键帧

(5) 拖动时间块到第 20 帧，将右脚放平，设置关键帧类型为滑动关键帧，如图 7.225(a)所示。

(6) 选择左脚，利用"旋转"工具将脚旋转一个小的角度，并打开滑动关键帧，如图 7.225(b)所示。

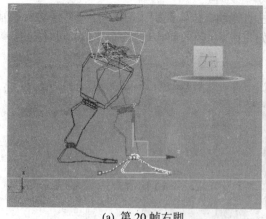
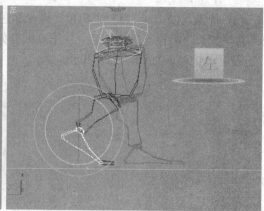

(a) 第 20 帧右脚   (b) 第 20 帧左脚

图 7.225 第 20 帧设置

(7) 滑动时间块到第 30 帧，选择右脚脚尖设置关键帧为滑动关键帧，选择左脚移动到下图所示位置并打上一个自由关键帧，如图 7.226 所示。

(8) 将时间滑动到第 40 帧，左脚调成图中形状并设置成滑动关键帧，选择右脚脚尖设置成滑动关键帧，如图 7.227 所示。

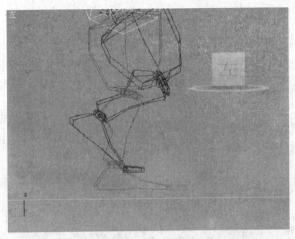

图 7.226　第 30 帧设置

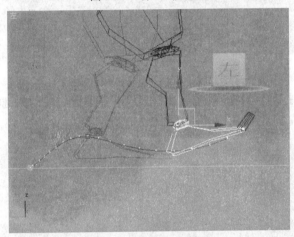

图 7.227　第 40 帧设置

(9) 在第 50 帧位置，右脚调成图中形状并设置成滑动关键帧，左脚设置成滑动关键帧，如图 7.228 所示。

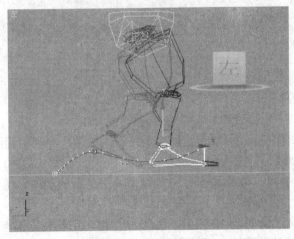

图 7.228　第 50 帧设置

(10) 拖动时间滑块到第 60 帧的位置，右脚调成图中形状并设置成自由关键帧，左脚设置成滑动关键帧，如图 7.229 所示。

图 7.229　第 60 帧设置

(11) 将时间滑块拖动到第 70 帧位置，右脚放下并设置成滑动关键帧，左脚轴心位置移动到脚尖，将脚尖设置成滑动关键帧，如图 7.230 所示。

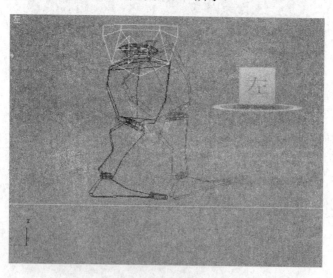

图 7.230　第 70 帧设置

(12) 从第 10 帧到第 70 帧可以作为一个走路动画的循环，利用相同原理及调节方法可以做出更长的走路动画。

(13) 接下来调节手臂的动画。每隔 20 帧调节一个手臂的动作，使手臂前后摆动，如图 7.231 所示。

(14) 选择盘骨中心点，每隔 10 帧向下移动一段小的距离并点击　按钮设置成关键帧，这符合人走路时重心的移动规律，调节完成后轨迹如图 7.232 所示。

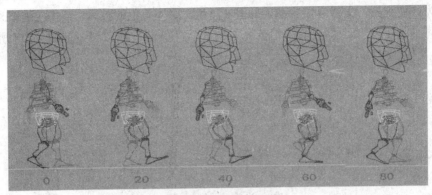

图 7.231 手臂动画的调节

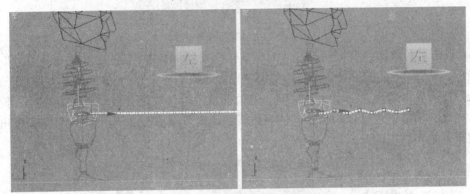

图 7.232 调节身体重心移动

(15) 到此就调好了一段走路动画,调节过程也可以参考配套光盘中的视频教程。

7.9.2 运用布料制作角色披风

(1) 重置 3ds Max,打开配套光盘中的"角色布料-开始.max"文件,场景中是一个已经调好动作的角色,角色的披风使用关联工具和角色的颈部骨骼连接到了一起,角色运动时,披风也跟着移动,如图 7.233 所示。

图 7.233 测试场景

(2) 为方便观察，先将骨骼隐藏，只留下角色。选择角色的披风，点击 (修改)按钮打开"修改"面板，在修改器列表中给披风添加一个"Cloth"修改器，如图 7.234 所示。

图 7.234　添加 Cloth 修改器

(3) 点击"对象属性"按钮打开"对象属性"对话框，在列表中的"Cylinder01"是披风的名称，选择"Cylinder01"在右边面板中设置对象类型为"Cloth"(布料)，打开预设下拉列表，在列表中选择"Cotton"(棉布)，这时面板中的参数就会自动更新为 Cotton 预设的参数。在布料模拟中也可以尝试不同的预设或手动调节(如图 7.235 所示)，最终模拟出来的布料效果也是不相同的。

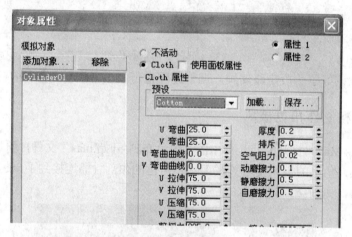

图 7.235　对象属性

(4) 点击"添加对象"按钮将场景中的角色模型"Box03"添加到模拟对象列表中，选择"Box03"，勾选"冲突对象"选项，将角色模型设置为布料碰撞的对象，如图 7.236 所示。

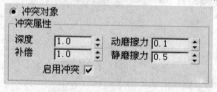

图 7.236　冲突对象设置

(5) 点击"确定"按钮结束设置，打开"模拟参数"卷展栏，勾选"自相冲突"和"检查相交"选项，并设置自相冲突的值为 2，该选项可以避免布料互相穿插，如图 7.237 所示。

第 7 章 3ds Max 基础动画技术

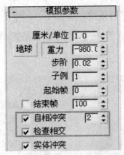

图 7.237 模拟参数设置

(6) 点击 "Cloth" 前的 "+" 号，选择 "组" 层级，选中图中所示的点，点击 "设定组" 创建一个组，创建完成后点击 "保留" 按钮。这一步为模拟披风一直竖起的衣领，如图 7.238 所示。

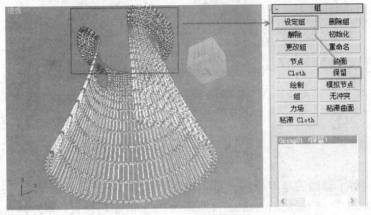

图 7.238 设定组

(7) 点击 "模拟本地" 按钮，使布料在角色未动画前先匹配角色。这个过程视电脑配置的不同其时间也不尽相同，在模拟过程中可以旋转、移动视图进行观察。布料模拟到下图的形状时就可以点击 "模拟本地" 按钮将模拟关闭，如图 7.239 所示。

图 7.239 模拟本地

(8) 点击"模拟"按钮对布料进行布料模拟。经过一段时间的模拟计算，一段角色的布料动画就完成了。点击"创建关键点"按钮可以将布料模拟出来的动画转换成关键帧动画，如图 7.240 所示。

图 7.240　运算完成结果

本 章 小 结

本章分别讲解了动画的基本原理、基本动画的制作、路径动画、正(反)向动力学、粒子系统、Reactor 动力学、Character Studio 骨骼系统、Cloth 布料设置。本章涉及动画制作的内容比较广，对以后进行动画制作是比较重要的。对于本章的内容务必要掌握，为以后学习更复杂的动画制作打下坚实的基础。

习　　题

1. 怎样用粒子制作一段香烟燃烧动画。
2. 怎样用 Reactor 动力学系统制作红旗飘动动画。
3. 试着尝试调节角色的几种不同的动作，比如招手、跑步。
4. 思考怎样运用反向动力学制作一段脚踏自行车的动画。

第 8 章　Hair and Fur 毛发制作系统

学习目标

本章通过几个生动的例子来讲解 3ds Max 2009 的毛发系统的使用方法。通过本章的学习要求达到以下目标：
- 掌握 Hair and Fur 毛发系统基础知识和基本概念。
- 掌握 Hair and Fur 毛发系统的简单应用。

8.1　Hair and Fur 毛发系统介绍

Hair and Fur 是 Joe Alter 开发的著名毛发插件，被广泛应用于电影中虚拟角色毛发的制作中，以电影《金刚》中的大猩猩毛发制作为代表。在很多年前，动画中的毛发一直是动画师们望而却步的一个技术难题，如今利用 Hair and Fur 毛发系统就可以做出很出色的毛发。

(1) "工具"卷展栏：此卷展栏包含了制作毛发所用到的各种工具，如图 8.1 所示。

图 8.1　"工具"卷展栏

从样条线重梳：通过样条线来设计头发的样式。单击此按钮，然后选择"样条线"。头发将会把样条线转换成导向,并将最近的样条线的副本创建于选定生长网格的导向中。

重置其余:按网格的大小重新分配毛发数量。该功能可在"从样条线重梳"之后使用,另外在更改了对象网格的大小时也可使用。

重生头发:重置毛发,将毛发恢复到默认状态,保存当前所有的参数设置。

"预设值"项目组:

加载:打开"头发预设"对话框,如图8.2所示。

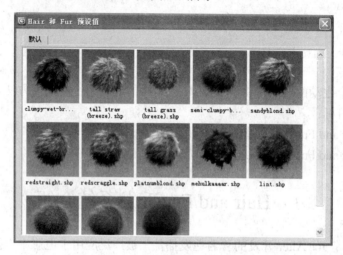

图8.2 Hair and Fur 预设值窗口

保存:创建一套新的方案。

"发型"项目组:

复制:将所有毛发设置和样式信息复制到粘贴缓冲区。

粘贴:将所有毛发设置和样式信息粘贴到当前的 Hair 修改对象上。

"实例节点"项目组:用于指定对象及定制毛发的几何体。毛发几何体不是取自原始对象的实例化,但是从其创建的所有毛发都互为实例,用于节省内存。

要指定毛发对象,可单击"无"按钮,然后选择要拾取的对象;如果不需要指定毛发对象,则单击"X"按钮清除。

提示:为了让实例物体可以正确缩放以便与毛发匹配,要将模型的轴心置于物体的"根"部,这样系统才能正确地缩放实例物体。此外,为了让毛发弯曲看起来更加平滑,需保存模型Z轴的分段数,因为毛发系统并不会自动分段。

混合材质:开启该项时,将应用于生长毛发的材质以及应用于毛发对象的材质合并成为一个多维材质,并赋给毛发;关闭"混合材质"之后,生长对象的材质将应用于实例化的毛发,默认设置为启用。

"转换"项目组:该项目组的功能是使毛发转换成可以直接编辑的多边形物体。

导向/样条线:将所有导向复制为新的单一样条线对象,初始导向并未更改。

头发/样条线:将所有毛发复制为新的单一样条线对象,初始毛发并未更改。

头发/网格:将所有毛发复制为新的单一网格对象,初始毛发并未更改。

渲染设置:打开"效果"面板和卷展栏并向场景中添加头发和毛发渲染效果(如果尚不存在)。

注意："头发和毛发"渲染效果设置为全局，因此即使是从不同的"头发和毛发"修改器单击"渲染设置"以打开效果设置，也将会得到相同的渲染效果设置。

(2) "设计"卷展栏。

注意：只有生长对象是"网格"模式时，此卷展栏才能使用可用。如果生长对象是样条线，"设计"项目中的控件将不起作用。

单击"设置发型"按钮时开启设置发型，这时按钮自动变成"完成发型"，再次单击时关闭样式模型。禁用样式模式，启用此按钮时，画刷立即可用。

"选择"项目组：

(由头梢选择头发)：选择每根头发的末端顶点。

(选择全部顶点)：选择导向头发中的顶点时，系统将自动选择导向头发中所有的点。第一次打开"设置发型"时，系统将激活并选中所有导向毛发上的顶点。

(选择导向顶点)：选择导向头发上的任意顶点。

(由根选择导向)：选择每根导向头发根处的顶点。此操作将选择相应导向头发上的所有顶点。

顶点显示下拉列表：选择选定顶点在视口中的显示方式。

(反转)：反选。

(轮流选)：旋转空间中的选择。

(展开选择)：扩展选择区域。

(隐藏选定对象)：隐藏选定的导向头发。

(显示隐藏对象)：显示所有隐藏的导向头发。

"样式"项目组：

(发梳)：开启时，拖动鼠标可以对画笔区域内选定的点进行操作。

(剪头发)：修剪导向头发。

(选择)：进入选择模式，在该模式下可以使用 3ds Max 的"选择"工具来选择导向顶点。

距离褪光：只适用于"头发画刷"。启用此选项时，刷动效果将朝着画刷的边缘褪光，从而提供柔和效果。

忽略背面头发：只适用于"头发画刷"和"头发修剪"。启用此选项时，背面的头发不受画刷的影响。

画刷大小滑块(拖动条)：滑动滑块改变画刷的大小。

(平移)：按照鼠标移动方向移动选定的顶点。

(直立)：向鼠标拖动的方向移动选定的顶点。

(蓬松发根)：将选择的引导线向与表面垂直的方向推动，这个工具在发根产生的倾斜程度要大于终点的。

(丛)：当鼠标向左拖动时，区域内的导向之间将更加靠近，鼠标向右拖动时则更加分散。强制选定的导向之间相互更加靠近(向左拖动鼠标)或更加分散(向右拖动鼠标)。

(旋转)：以当前画笔的光标位置为中心点，旋转导向头发的顶点。

(缩放)：向右拖动鼠标时选定的导向将被放大，向左拖动时选定的导向头发将缩小。

"工具"项目组：

(衰减)：根据多边形面积的大小来缩放选中的导向头发。这个功能比较实用，比如制做一个动物的毛发，毛发短的区域多边形也较小，而面积窄的地方毛发则比较长。

(选定弹出)：沿曲面的法线方向弹出选定头发。

(弹出大小为零)：该选项功能与"选定弹出"类似，但只能对长度为零的头发操作。

(重梳)：使导向与曲面平行。

(重置其余)：使用生长网格的连接性执行头发导向平均化。

提示：使用"重新组合"之后，此功能特别有用。

(切换碰撞)：开启该选项时，在设计发型时将计算头发碰撞，默认设置为禁用状态。对于设置发型时要使用的碰撞，至少需要在动力学中添加一个碰撞对象，如果没有碰撞对象，该按钮将不起作用。

提示：如果启用碰撞，且交互式设置发型的速度似乎很慢，请尝试禁用"切换碰撞"。

(切换头发)：切换生成的(插值的)头发的视口显示，这不会影响头发导向的显示。默认值为启用(即显示头发)。

(锁定)：锁定导向毛发使之不能编辑，但可以选择。

(解除锁定)：解除所有被锁定的头发。

(撤销)：撤销操作。

"头发组"项目组：

(拆分选定头发组)：将选定的导向拆分至一个组。例如，对于创建组成部分或额前的刘海，这个功能是很有用的。

(合并选定头发组)：重新合并选定的导向。

(3) "常规参数"卷展栏。

此卷展栏允许用户在根部和梢部设置头发数量和密度、长度、厚度及其它各种参数，如图8.3所示。

头发数量：由 Hair 生成的头发总数。在某些情况下，这是一个近似值，但是实际的数量通常和指定数量非常接近，默认设置是 15000。默认情况下，系统按物体表面积平均分配毛。较大的多边形面生成的毛发数量比较小，多边形面更多。如果改变了多边形大小，可通过"复位"选项来重新分配毛发。

图 8.3 "常规参数"卷展栏

头发段：每根毛发的段数，默认设置为5，范围为1～150。段数越多，卷发看起来就越自然，但是对系统资源的消耗就越大。对于非常直的直发，可将头发段数设置为1。

头发过程数：设置透明度，默认值为1，范围为1～20。

头发的缓冲渲染方式对头发透明度的处理比较独特。头发系统不渲染实际的头发透明，而是采用不同的随机种子多次渲染一根头发，然后将它们混合一起。当增加头发过程数时，头发的透明度也会增加，另外，该值的大小也将影响渲染头发的实际数量，虽然密度和填充度看起来和处理前的差不多，但渲染时间也会线性增加。

密度：设置全局头发密度，默认值为100，范围为0～100。

头发的密度可以通过贴图来控制，即控制毛发的生长数量。图8.4中贴图50%灰度的区域只生长"头发数量"50%的值。

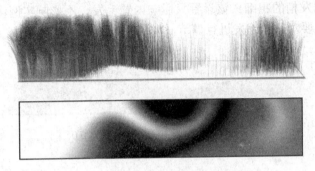

图8.4　通过贴图控制毛发数量

提示：为提高效率，可使用"头发数量"来设置头发的实际数量，将密度保持为100%，并使用贴图来控制头发分布。而单纯降低密度值而不使用贴图只会增加渲染的时间。

比例：设置头发的全局缩放比例，默认值为100，范围为0～100。

默认值为100时，头发为全尺寸，改变这个值可以改变头发的长度。若需要制作更长的毛发，可使用"样式设置"工具。本参数同样也可以通过使用贴图来控制头发长度，灰色值为50%的贴图区域将该区域的毛发生长量剪切为原始长度的50%。

图8.5中给毛发使用了一个线性的渐变贴图，可以看到毛发产生了一个从左到右的缩放效果。

图8.5　使用渐变贴图控制毛发数量

剪切长度：该数值将全局头发长度设置为"比例"参数的百分比乘数因子，默认值为100，范围为0～100，该参数也可使用贴图进行控制。

"剪切长度"的计算量比密度贴图更高，因为每个头发曲线都在瞬时重新参数化，该参数不能与密度贴图相混淆，它对于生长毛发的动画效果也尤为实用，例如制作一个带毛的角色。

随机比例：对头发进行随机的缩放，默认值为40，范围为0～100。

图8.6使用线性渐近贴图，随机比例值范围为0(左)～100(右)的变化效果。

图8.6　使用线性渐近贴图(随机比例值范围为0～100)的效果

采用默认值40时，40%的毛发将以随机变量缩小；参数为0时，随机缩放不起作用。

根厚度：控制发根的粗细。使用实例毛发时，控制原始物体在 X 轴及 Y 轴上的缩放。该参数影响内置毛发和实例化的毛发。采用实例化毛发，根厚度控制毛发的整体厚度，而不仅限于根部。

梢厚度：控制发梢的粗细。该设置只影响内置毛发，不影响实例化毛发。要创建锥化的实例化头发，需要对原始毛发进行调节，如图 8.7 所示。

(a) 根厚度为 10.0，梢厚度为 0.0

(b) 梢厚度为 10.0，根厚度为 0.0

图 8.7 梢厚度

位移：头发从根部到生长对象曲面的置换，默认设置为 0.0，范围为 –999999.0～999999.0。此设置可用于模拟头发落到生长对象上或离开生长对象的动画。

插值：启用时，毛发在引导线之间使用插值算法生成毛发，关闭时，只在每个三角面产生一根毛发，参数默认为打开。

(4) "材质参数"卷展栏。

"材质参数"卷展栏上的参数应用于缓冲渲染方式的毛发。如果是几何体渲染的毛发，则毛发颜色取决于生长物体的材质。通过"mr prim"渲染头发时，除"自身阴影"和"几何体阴影"外，其它所有参数都是有效的。使用实例化头发时头发的材质为实例物体的材质。

通过单击位于参数右侧的空白按钮，可将贴图应用于任意值。贴图中的值用作基值的乘数因子，如图 8.8 所示。

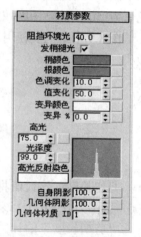

图 8.8 "材质参数"卷展栏

提示：如果彩色纹理贴图只有一个颜色属性，则要把基色设置成白色。因为贴图用作倍增器，不这样做将导致意外的结果。

阻挡环境光：控制照明模型的"环境/漫反射影响"的偏差。将其设置为 100 时，使用平面光渲染毛发；设置为 0 时，仅使用场景灯光照明，是通常造成高对比度的方案。"阻挡环境光"默认值为 40，范围为 0～100。图 8.9 是颜色参数为白色，自阴影值为 50.0 时，阻挡环境为 0.0 和 100.0 条件下的渲染效果。

发梢褪光：启用此选项时，毛发由梢部淡出到透明；禁用此选项时，毛发整体有相同的不透明度。

梢颜色：毛发尖端的颜色。

(a) 阻挡环境值为 0.0　　　(b) 阻挡环境值为 100.0

图 8.9　渲染效果

根颜色：毛发根部颜色。"梢颜色"和"根颜色"均可用贴图来控制毛发的颜色。

为了使颜色接近贴图颜色，可将"梢颜色"和"根颜色"设置为白色。此外，还可以设置不同的颜色来对贴图进行着色，如图 8.10 所示。其中，图 8.10(a)：用于毛发的纹理贴图(中央和右侧)。图 8.10(b)：应用于"梢颜色"和"根颜色"的贴图使毛发使用同一种颜色。图 8.10(c)：将"梢颜色"和"根颜色"设置为橙色将添加毛发。

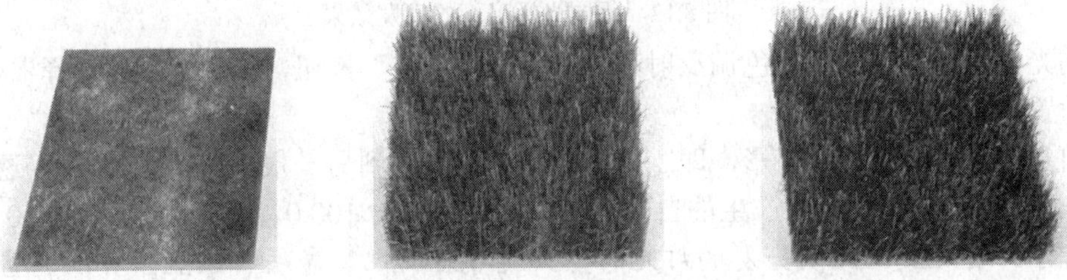

(a)　　　(b)　　　(c)

图 8.10　使用贴图进行着色

色调变化：令毛发的色相发生变化，从而产生自然的毛发效果，如图 8.11 所示。

(a) 色调及值变化为 0

(b) 值变化为 100

(c) 色调变化为 100

图 8.11　毛发的色调变化

值变化：毛发发生明暗变化的程度。
变异颜色：变异毛发的颜色。变异的毛发是随机生成的，通过参数值可以控制数量。
变异%：设置变异颜色的毛发数量的百分比。
高光：高光亮度。
光泽度：高光区的相对大小，小的高光可以让毛发看起来更加光滑，如图8.12所示。

(a) 高光为0，光泽度为0；　　(b) 高光为100，光泽度为75；　　(c) 高光为100，光泽度为0.1

图8.12　不同光泽度下的毛发效果

高光反射染色：此颜色色调反射高光。单击"色样"按钮，使用"颜色选择器"选项，默认设置为白色。

自身阴影：控制自身阴影，即一根毛发将影子投射到另一根上，值为0时，透射阴影不起作用，值为100.0时，产生的自阴影最大。默认值为100.0，范围为0.0～100.0。

提示：通过更改照明头发的灯光的"头发灯光属性"卷展栏设置，可以调整阴影的特征。

几何体阴影：毛发接收场景中几何体投射下来的阴影程度。

几何体材质ID：指定给几何体渲染头发的材质ID，默认值为1。

(5)"卷发参数"卷展栏，如图8.13所示。

图8.13　"卷发参数"卷展栏

卷发置换是通过对发根之外的部分使用Perlin噪波查找，然后采用团贴图取代曲面法线的方式取代毛发。噪点函数的频率由卷发X/Y/Z频率参数设置。置换的大小是由卷发根和卷发梢这两个参数控制的。如果设置动力学模式为"实"时，就可以实时地调节参数并可在视图中看到效果，如图 8.14 所示。

图 8.14 不同值的卷发效果

其中，①号效果的参数为：卷发根及梢为 0.0；
②号效果的参数为：卷发根为 50.0，卷发 X/Y/Z 频率为 14.0；
③号效果的参数为：卷发根为 150.0，卷发 X/Y/Z 频率为 60.0；
④号效果的参数为：卷发梢为 30.0，卷发 X/Y/Z 频率为 14.0；
⑤号效果的参数为：卷发根为 50.0，卷发梢为 100.0，卷发 X/Y/Z 频率为 60.0。

卷发效果实际上是计算两个噪波区域，两者都使用相同的频率设置和相同的梢/根振幅。一个噪波区域相对于毛发是静态的。"动画"参数可用于通过毛发随时模拟第二个噪波区域的动画。这对于制作草地之类的动画是非常实用的，如果计算真实的动画将会消耗过多的资源，如图 8.15 所示，所有卷发/扭结设置为 0。

图 8.15 不同值的卷发效果

卷发根：控制头发在其根部的置换，默认值为 15.5，范围为 0.0～360.0。
卷发梢：控制毛发在其梢部的置换，默认值为 130.0，范围为 0.0～360.0。

图 8.16 是参数卷发根为 30，卷发梢为 100，卷发 X/Y/Z 频率为 14 时经过样式处理和未经过样式处理的卷发效果。

图 8.16　不同样式的卷发效果

卷发 X/Y/Z 频率：控制三个轴中每个轴上的卷发频率效果。

和卷发一样，卷发动画使用噪点域取代毛发，其差异在于用户可以移动噪点域以创建动画置换，产生波浪运动，无需再利用其它动态计算。

卷发动画：设置波浪运动的幅度，默认设置为 0.0，范围为 –9999.0～9999.0。

动画速度：设置噪波区域运动的速度。

卷发 X/Y/Z 动画方向：设置卷发动画的方向向量，默认设置为 0.0，范围为 –1.0～1.0。

(6)　"纽结参数"卷展栏，如图 8.17 所示。

纽结参数和卷发参数类似，不同的是噪波效果是加载到引导线上的，结果是产生了比卷发噪波更大面积的影响，如图 8.18 所示。

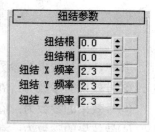

图 8.17　"纽结参数"卷展栏

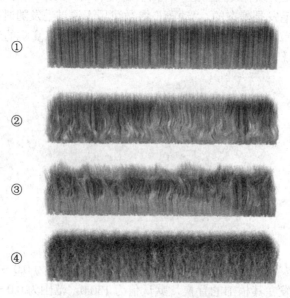

图 8.18　不同纽结值效果

其中，
①号效果的参数所有设置为 0.0(无纽结)；
②号效果的参数纽结根为 0.5(其余 为 0.0)；
③号效果的参数纽结梢为 10.0，纽结根为 0.0，纽结 X/Y/Z 频率为 4.0；
④号效果的参数纽结梢为 10.0，纽结根为 0.0，纽结 X/Y/Z 频率为 50.0。

纽结根：控制毛发根部的纽结置换效果量，默认值为 0.0，范围为 0.0~100.0。图 8.19 中，纽结根为 0.5，纽结梢为 0.0，纽结 X/Y/Z 频率为 4.0。

(a) 经过样式处理　　　　　　　　　(b) 未经样式处理

图 8.19　不同样式纽结根效果

纽结梢：控制毛发在其梢部的纽结置换量，默认值为 0.0，范围为 0.0~100.0，如图 8.20 所示。

(a) 已设计样式，纽结梢为 10.0，纽结根为 0.5，纽结 X/Y/Z 频率为 50.0；

(b) 未设计样式，纽结梢为 10.0，纽结根为 0.0，纽结 X/Y/Z 频率为 50.0

图 8.20　不同样式纽结梢效果

纽结 X/Y/Z 频率：控制三个轴中每个轴上的纽结频率效果，默认值为 0.0，范围为 0.0~100.0。

(7) "多股参数"卷展栏，如图 8.21 所示。

图 8.21　"多股参数"卷展栏

当用较低频率的卷发时，会自然创建一个成簇的效果，使用多股参数可以达到更好的效果。对于正常渲染的每根毛发，多股将在原始头发周围渲染一簇附加的毛发。"展开"设置控制毛发在根部散开的程度，数量用于控制创建毛发的数量。可以通过根展开和梢展开来控制毛发的形状。

8.2 应用案例

8.2.1 牙刷刷毛的制作

(1) 重置 3ds Max 场景，打开配套光盘的"牙刷-开始.max"文件，场景中是一支牙刷的模型，如图 8.22 所示。

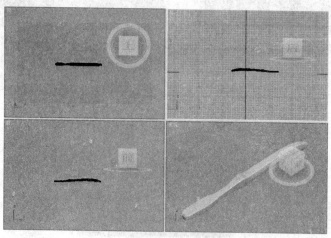

图 8.22 测试场景

(2) 在牙刷头部的地方制作刷毛要生长的网格，选中头部红色部分的点，如图 8.23 所示。

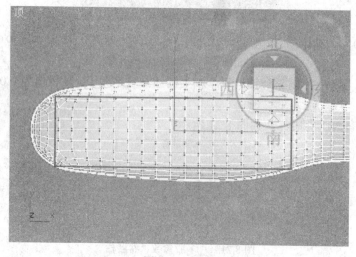

图 8.23 选点

(3) 使用"切角"工具,设置"切角量"为 0.4,切出生成毛发用的多边形,如图 8.24 所示。

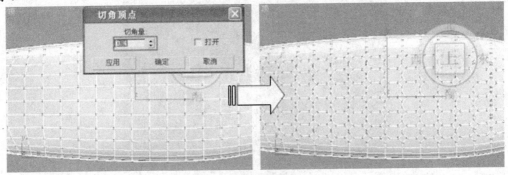

图 8.24 切角

(4) 选择牙刷物体,在"修改"面板中的模型加入"Hair 和 Fur(WSM)"修改器,这时牙刷的整个表面都长上了毛,这是因为我们还没有给毛发指定要生长的面,如图 8.25 所示。

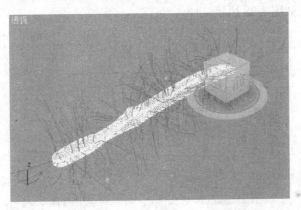

图 8.25 添加 Hair 和 Fur 修改器

(5) 打开"选择"卷展栏选择"多边形"层级,选中刚才用"切角"工具切出来的多边形。点击"更新选择"按钮,这时头发已经长在了牙刷头部刷毛孔的区域,如图 8.26 所示。

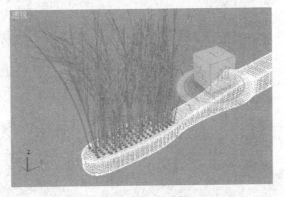

图 8.26 更新选择

(6) 关闭"多边形"层级按钮,打开"常规参数"卷展栏,设置"剪切长度"的值为 34,使之和牙刷刷毛的长度相同,将"根厚度"设置为 3,"梢厚度"设置为 2.5,"随机比例"设为7，如图8.27所示。

图8.27 设置毛发卷曲值

(7) 现实生活中，刷毛的形状一般是直的，接下来我们要设置刷毛的卷曲值，打开"卷发参数"卷展栏，设置"卷发梢"为5，"卷发根"为20，让其卷曲程度降低，调节完成后，刷毛全部立了起来，如图8.28所示。

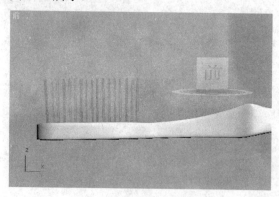

图8.28 毛发直立效果

(8) 点击"材质参数"卷展栏，设置刷毛梢颜色为 RGB(206，221，246)，根部颜色为RGB(242，242，242)，如图8.29所示。

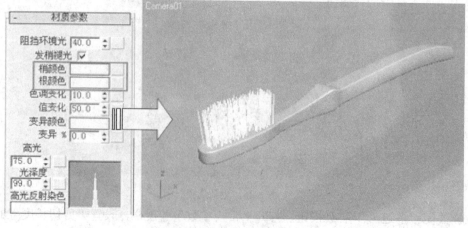

图8.29 材质参数

(9) 最后为牙刷刷柄赋上材质，布好灯光，最终渲染如图 8.30 所示。由于篇幅所限，渲染的参数在本书中不做介绍，具体参数可以参考最终的 MAX 文件。

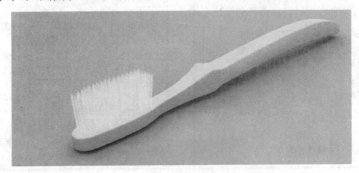

图 8.30　完成的效果

(10) 到此，一把牙刷就做完了。

8.2.2　用样条线制作头发

(1) 重置 3ds Max 场景，打开配套光盘中的"头发-开始.max"文件，场景中是一个简单的人头模型，如图 8.31 所示。

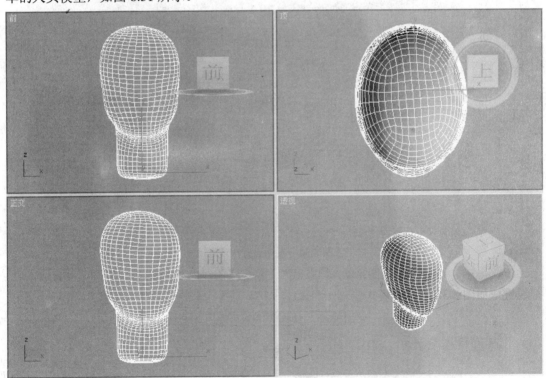

图 8.31　测试场景

(2) 右键点击 (捕捉)按钮，打开"本栅格和捕捉设置"面板，在"捕捉"选项卡中将捕捉方式设置为"面"捕捉方式。在图 8.33"选项"选项卡中勾选"捕捉到冻结对象"选项，如图 8.33 所示。点击关闭按钮返回，左键点击 (捕捉)按钮打开捕捉功能。

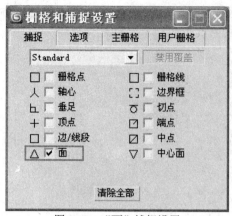
图 8.32 "面"捕捉设置

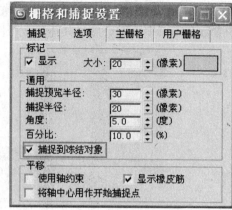
图 8.33 捕捉到冻结对象

(3) 为方便操作,在这里先将头部冻结起来,避免下一步的画线操作误选到人头对象。

(4) 下一步开始前,先设计一下发型,把发型设计成偏分的头型,头发的中线位置如图 8.34 所示。

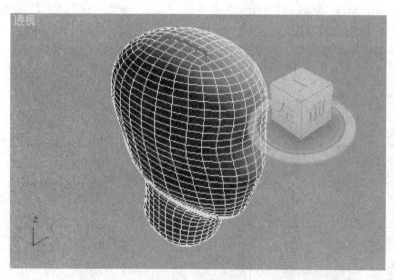
图 8.34 发型设置中线

(5) 点击 (创建)/ (图形)/"样条线",并将样条线的"初始类型"和"拖动类型"都设置成如图 8.35 所示的模式。

图 8.35 样条线设置

(6) 以头发中心线位置为起点，沿着头部绘制第一条发型的样条线，如图 8.36 所示。
注意：绘制样条线时，需确保每条样条线的起始点为设计好的发中线的位置。

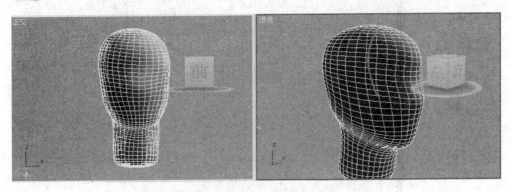

图 8.36　绘制第一根发线

(7) 继续绘制样条线，在离第一条稍远一点的地方绘制第二条，同样以发型中线为基准，用同样的方法在头部的周围绘制样条线。绘制时可以以图 8.37 作为参考绘制头部发型样条线。

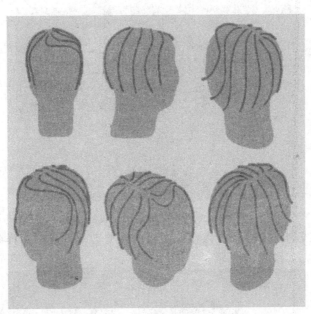

图 8.37　发线参考

提示：在绘制样条线时，有时会不小心选到人头的模型，这时可以选中人头物体，在右键菜单中将人头物体冻结起来。

(8) 点击 (修改)/"附加"，选中第一次创建的样条线，将其余的样条线全部附加到一起。

注意：这一步很重要，附加样条线时，附加的顺序为沿着顺时针的方向依次将创建好的样条线附加起来，这一步的操作是影响发型修改器操作的关键步骤。

(9) 按快捷键【1】打开"顶点"层级，选中发型中心线外所有的顶点，选择 (缩放)

选项并将缩放轴设置为 ▦(使用选择中心),将选择的顶点放大,使头部的发型看起来更加自然,如图 8.38 所示。

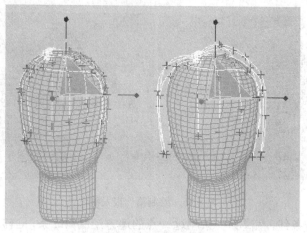

图 8.38 缩放发线

(10) 手动调节样条线顶点,增加顶点细化,使发型样条线更加好看,如图 8.39 所示。

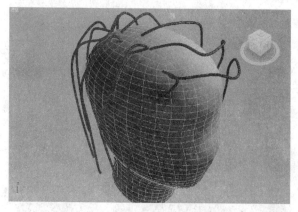

图 8.39 完成后的发线

(11) 选择样条线物体,打开"修改"面板,在修改器列表中为样条线添加"Hair 和 Fur(WSM)"修改器,如图 8.40 所示。

图 8.40 添加"Hair and Fur(WSM)"修改器

(12) 接下来为头发设置参数，头发的参数并非固定，在练习的时候可以多尝试几种参数值的设置，最后得出来的结果也会不一样，做出理想的头发就是目的。

(13) 打开"常规参数"项目组，将参数设置为如图 8.41 所示。

(14) 在"材质参数"项目组中设置参数如图 8.41 所示。

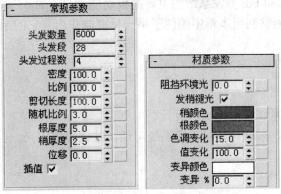

图 8.41　毛发参数

(15) 将"卷发参数"和"多股参数"项目组的参数设置为如图 8.42 所示。

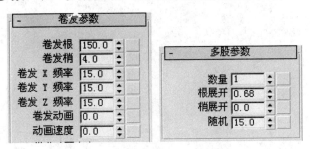

图 8.42　毛发参数

(16) 最后渲染出的头发如图 8.43 所示。

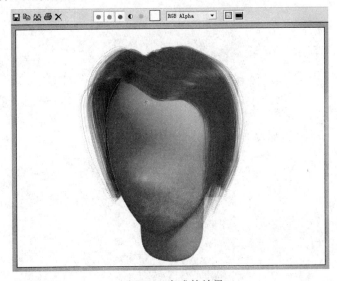

图 8.43　完成的效果

本章小结

本章介绍了 Hair and Fur 毛发系统的主要面板功能及 Hair and Fur 毛发系统的使用方法，学习完本章希望读者能够利用本章中的例子举一反三制作出其它的毛发样式。

习　题

1. 怎样运用毛发系统做个毛绒的玩具？
2. 思考生活中哪些东西可以用毛发系统实现，并试着做出来。

附录　3ds Max 2009 快捷键

切换到轨迹视图【E】
切换到背视图【K】
动画方式开关【N】
中心点循环【X】
播放动画【/】
进到开头一帧【End】
进到起始帧【Home】
循环子对象层级【Insert】
挑选父系【PageUp】
挑选子系【PageDown】
循环挑选方式【Ctrl】+【F】
默许灯光开关【Ctrl】+【L】
纹理校正【Ctrl+T】
顺应透视图格点【Shift】+【Ctrl】+【A】
角度捕捉(开关)【A】
改动到后视图【K】
背景锁定(开关)【Alt】+【Ctrl】+【B】
前一时间单位【.】
下一时间单位【,】
改动到上(Top)视图【T】
改动到底(Bottom)视图【B】
改动到相机(Camera)视图【C】
改动到前(Front)视图【F】
改动到等大的用户(User)视图【U】
改动到右(Right)视图【R】
改动到透视(Perspective)图【P】
删除物体【DEL】
现在视图暂时没起效【D】
能无法显示几何体内框(开关)【Ctrl】+【E】
显示第一个工具条【Alt】+【1】
专家方式&#0;全屏(开关)【Ctrl】+【X】

暂存(Hold)场景【Alt】+【Ctrl】+【H】
取回(Fetch)场景【Alt】+【Ctrl】+【F】
PF 粒子编辑器【6】
显示/潜藏相机(Cameras)【Shift】+【C】
显示/潜藏几何体(Geometry)【Shift】+【O】
显示/潜藏网格(Grids)【G】
显示/潜藏协助(Helpers)物体【Shift】+【H】
显示/潜藏光源(Lights)【Shift】+【L】
显示/潜藏粒子系统(Particle Systems)【Shift】+【P】
显示/潜藏空间歪曲(Space Warps)物体【Shift】+【W】
锁定用户界面(开关)【Alt】+【0】
婚配到相机(Camera)视图【Ctrl】+【C】
材质(Material)编辑器【M】
当前视图最大化【Ctrl】+【W】
脚本编辑器【F11】
新的场景【Ctrl】+【N】
法线(Normal)对齐【Alt】+【N】
NURBS 外表显示方式【Alt】+【L】或【Ctrl】+【4】
NURBS 调整方格 1【Ctrl】+【1】
NURBS 调整方格 2【Ctrl】+【2】
NURBS 调整方格 3【Ctrl】+【3】
偏移捕捉【Alt】+【Ctrl】+【空格】
翻开一个 3ds Max 文件【Ctrl】+【O】
平移视图【Ctrl】+【P】
交互式平移视图【I】
放置高光(Highlight)【Ctrl】+【H】
播放/中止动画【/】
高速(Quick)渲染【Shift】+【Q】
回到上一场景【Ctrl】+【A】
回到上一视图【Shift】+【A】
吊销场景【Ctrl】+【Z】
吊销视图【Shift】+【Z】
刷新一切视图【1】
用前一次的参数执行渲染【Shift】+【E】或【F9】
渲染配置【Shift】+【R】或【F10】
在 xy/yz/zx 锁定中循环改动【F8】
约束到 X 轴【F5】
约束到 Y 轴【F6】
约束到 Z 轴【F7】

旋转(Rotate)视图方式【Ctrl】+【R】或【V】
保管(Save)文件【Ctrl】+【S】
透清楚示所选物体(开关)【Alt】+【X】
依据称号挑选物体【H】
挑选锁定(开关)【空格】
减淡所选物体的面(开关)【F2】
显示一切视图网格(Grids)(开关)【Shift】+【G】
显示/潜藏命令面板【3】
显示/潜藏浮开工具条【4】
显示开头一次渲染的图画【Ctrl】+【I】
显示/潜藏首要工具栏【Alt】+【6】
显示/潜藏安全框【Shift】+【F】
*显示/潜藏所选物体的支架【J】
显示/潜藏工具条【Y】/【2】
百分比(Percent)捕捉(开关)【Shift】+【Ctrl】+【P】
翻开/关闭捕捉(Snap)【S】
循环议决捕捉点【Alt】+【空格】
声响(开关)【\】
间隔放置物体【Shift】+【I】
改动到光线视图【Shift】+【4】
循环改动子物体层级【Ins】
子物体挑选(开关)【Ctrl】+【B】
帖图材质(Texture)修正【Ctrl】+【T】
加大静态坐标【+】
减小静态坐标【-】
激活静态坐标(开关)【X】
精确输入转变量【F12】
一切解冻【7】
依据名字显示潜藏的物体【5】
刷新背景图像(Background)【Alt】+【Shift】+【Ctrl】+【B】
显示几何体外框(开关)【F4】
视图背景(Background)【Alt】+【B】
用方框(Box)快显几何体(开关)【Shift】+【B】
翻开虚拟真实　数字键盘【1】
虚拟视图向下挪动　数字键盘【2】
虚拟视图向左挪动　数字键盘【4】
虚拟视图向右挪动　数字键盘【6】
虚拟视图向中挪动　数字键盘【8】
虚拟视图扩大　数字键盘【7】

虚拟视图减少　数字键盘【9】
实色显示场景中的几何体(开关)【F3】
一切视图显示一切物体【Shift】+【Ctrl】+【Z】
*视窗缩放到挑选物体范围(Extents)【E】
缩放范围【Alt】+【Ctrl】+【Z】
视窗扩大两倍【Shift】+数字键盘【+】
扩大镜工具【Z】
视窗减少两倍【Shift】+数字键盘【-】
依据框选执行扩大【Ctrl】+【w】
视窗交互式扩大【[】
视窗交互式减少【]】
轨迹视图：
参与(Add)主要帧【A】
前一时间单位【<】
下一时间单位【>】
编辑(Edit)主要帧方式【E】
编辑区域方式【F3】
编辑时间方式【F2】
展开对象(Object)切换【O】
展开轨迹(Track)切换【T】
函数(Function)曲线方式【F5】或【F】
锁定所选物体【空格】
向上挪动高亮显示【↓】
向下挪动高亮显示【↑】
向左轻移主要帧【←】
向右轻移主要帧【→】
位置区域方式【F4】
回到上一场景【Ctrl】+【A】
吊销场景【Ctrl】+【Z】
材质编辑器：
用前一次的配置执行渲染【F9】
渲染配置【F10】
向下收拢【Ctrl】+【↓】
向上收拢【Ctrl】+【↑】
表示(Schematic)视图：
下一时间单位【>】
前一时间单位【<】
回到上一场景【Ctrl】+【A】
吊销场景【Ctrl】+【Z】

制造(Draw)区域【D】
渲染(Render)【R】
锁定工具栏(泊坞窗)【空格】
视频编辑：
参与过滤器(Filter)项目【Ctrl】+【F】
参与输入(Input)项目【Ctrl】+【I】
参与图层(Layer)项目【Ctrl】+【L】
参与输出(Output)项目【Ctrl】+【O】
参与(Add)新的项目【Ctrl】+【A】
参与场景(Scene)事情【Ctrl】+【s】
编辑(Edit)现在事情【Ctrl】+【E】
执行(Run)序列【Ctrl】+【R】
新(New)的序列【Ctrl】+【N】
吊销场景*作【Ctrl】+【Z】
NURBS 编辑：
CV 约束法线(Normal)挪动【Alt】+【N】
CV 约束到 U 向挪动【Alt】+【U】
CV 约束到 V 向挪动【Alt】+【V】
显示曲线(Curves)【Shift】+【Ctrl】+【C】
显示控制点(Dependents)【Ctrl】+【D】
显示格子(Lattices)【Ctrl】+【L】
NURBS 面显示方式切换【Alt】+【L】
显示外表(Surfaces)【Shift】+【Ctrl】+【s】
显示工具箱(Toolbox)【Ctrl】+【T】
显示外表归一(Trims)【Shift】+【Ctrl】+【T】
依据名字挑选本物体的子层级【Ctrl】+【H】
锁定 2D 所选物体【空格】
挑选 U 向的下一点【Ctrl】+【→】
挑选 V 向的下一点【Ctrl】+【↑】
挑选 U 向的前一点【Ctrl】+【←】
挑选 V 向的前一点【Ctrl】+【↓】
依据名字挑选子物体【H】
柔软所选物体【Ctrl】+【s】
转换到 Curve CV 层级【Alt】+【Shift】+【Z】
转换到 Curve 层级【Alt】+【Shift】+【C】
转换到 Imports 层级【Alt】+【Shift】+【I】
转换到 Point 层级【Alt】+【Shift】+【P】
转换到 Surface CV 层级【Alt】+【Shift】+【V】
转换到 Surface 层级【Alt】+【Shift】+【S】

转换到上一层级【Alt】+【Shift】+【T】
转换降级【Ctrl】+【X】
FFD：
转换到控制点(Control Point)层级【Alt】+【Shift】+【C】
到格点(Lattice)层级【Alt】+【Shift】+【L】
到配置体积(Volume)层级【Alt】+【Shift】+【S】
转换到顶层级【Alt】+【Shift】+【T】
翻开的 UVW 贴图：
进入编辑(Edit)UVW 方式【Ctrl】+【E】
调用*.uvw 文件【Alt】+【Shift】+【Ctrl】+【L】
保管 UVW 为*.uvw 格式的文件【Alt】+【Shift】+【Ctrl】+【S】
打断(Break)挑选点【Ctrl】+【B】
分别(Detach)边界点【Ctrl】+【D】
过滤挑选面【Ctrl】+【空格】
水平翻转【Alt】+【Shift】+【Ctrl】+【B】
垂直(Vertical)翻转【Alt】+【Shift】+【Ctrl】+【V】
封存(Freeze)所选材质点【Ctrl】+【F】
潜藏(Hide)所选材质点【Ctrl】+【H】
一切解冻(unFreeze)【Alt】+【F】
一切撤销潜藏(unHide)【Alt】+【H】
从堆栈中获取面精选【Alt】+【Shift】+【Ctrl】+【F】
从面获取精选【Alt】+【Shift】+【Ctrl】+【V】
锁定所选顶点【空格】
水平镜象【Alt】+【Shift】+【Ctrl】+【N】
垂直镜象【Alt】+【Shift】+【Ctrl】+【M】
水平挪动【Alt】+【Shift】+【Ctrl】+【J】
垂直挪动【Alt】+【Shift】+【Ctrl】+【K】
平移视图【Ctrl】+【P】
像素捕捉【S】
平面贴图面/重设 UVW【Alt】+【Shift】+【Ctrl】+【R】
水平缩放【Alt】+【Shift】+【Ctrl】+【I】
垂直缩放【Alt】+【Shift】+【Ctrl】+【O】
挪动材质点【Q】
旋转材质点【W】
等比例缩放材质点【E】
焊接(Weld)所选的材质点【Alt】+【Ctrl】+【W】
焊接(Weld)到目的材质点【Ctrl】+【W】
Unwrap 的选项(Options)【Ctrl】+【O】
更新贴图(Map)【Alt】+【Shift】+【Ctrl】+【M】

将 Unwrap 视图扩展到一切显示【Alt】+【Ctrl】+【Z】
框选扩大 Unwrap 视图【Ctrl】+【Z】
将 Unwrap 视图扩展到所选材质点的大小【Alt】+【Shift】+【Ctrl】+【Z】
缩放到 Gizmo 大小【Shift】+【空格】
缩放(Zoom)工具【Z】
反响堆(Reactor)：
树立(Create)反响(Reaction)【Alt】+【Ctrl】+【C】
删除(Delete)反响(Reaction)【Alt】+【Ctrl】+【D】
编辑形态(State)切换【Alt】+【Ctrl】+【s】
配置最大影响(Influence)【Ctrl】+【I】
配置最小影响(Influence)【Alt】+【I】
配置影响值(Value)【Alt】+【Ctrl】+【V】
ActiveShade (Scanline)：
原始化【P】
更新【U】
宏编辑器
累积计数器【Q】

参 考 文 献

[1] 赵鑫. 3ds Max 8.0 简明教程. 北京：高等教育出版社，2007.
[2] 赵鑫. 3ds Max 7.0 标准教程. 北京：中国商业出版社，2005.
[3] 火星时代. Autodesk 3ds Max 2010 标准培训教材. 北京：人民邮电出版社，2009.